中国雷电监测报告

(2016)

中国气象局 编

气象出版社
China Meteorological Press

内容简介

本书对2016年国家雷电监测网探测得到的地闪的位置和密度进行了时空分析统计。首先，介绍了2016年全国各月雷电活动情况，统计分析了2016全年雷电(回击)密度、雷暴日、雷电小时数、雷电极性、雷电频数、平均强度和雷电发生规律等各项雷电气候参数。其次，详细分析了全国各省(区、市)的雷电活动特征。最后，总结了2016年中国气象局针对其他部门和行业开展的雷电监测公共服务。

本书是一部2016年雷电活动的资料类工具书，可供气象领域的科学研究、教学人员使用，也可供电力、农业、航空航天、交通、地理等部门进行防灾减灾决策等参考。

图书在版编目(CIP)数据

中国雷电监测报告. 2016 / 中国气象局编. —北京：气象出版社，2018.10

ISBN 978-7-5029-6822-9

Ⅰ.①中… Ⅱ.①中… Ⅲ.①雷-监测-研究报告-中国-2016②闪电-监测-研究报告-中国-2016
Ⅳ.①P427.32

中国版本图书馆CIP数据核字(2018)第180264号

Zhongguo Leidian Jiance Baogao

中国雷电监测报告(2016)

中国气象局　编

出版发行：气象出版社

地　　址：北京市海淀区中关村南大街46号　　**邮政编码**：100081

电　　话：010-68407112(总编室)　010-68408042(发行部)

网　　址：http://www.qxcbs.com　　**E-mail**：qxcbs@cma.gov.cn

责任编辑：陈　红　　**终　　审**：吴晓鹏

责任校对：王丽梅　　**责任技编**：赵相宁

封面设计：博雅思企划

印　　刷：北京地大彩印有限公司

开　　本：787 mm×1092 mm　1/16　　**印　　张**：7

字　　数：179千字

版　　次：2018年10月第1版　　**印　　次**：2018年10月第1次印刷

定　　价：50.00元

《中国雷电监测报告(2016)》
编写人员

主　编：李良序　梁海河

编　委：庞文静　梁　丽　许崇海　雷　勇　王志超

李　楠　吴乃军　徐鸣一　严国威　翟龙升

前　言

雷电(闪电)是自然大气中超长距离的强放电过程,能产生强烈的发光和发声现象,通常伴随着强对流天气过程发生。雷电因其强大的电流、炙热的高温、猛烈的冲击波以及强烈的电磁辐射等物理效应而能够在瞬间产生巨大的破坏作用,常常导致人员伤亡,击毁建筑物、供配电系统,引起森林火灾,造成计算机信息系统中断、炼油厂、油田等燃烧甚至爆炸,危害人民财产和人身安全,也会严重威胁航空航天等运载工具的安全。雷电灾害是"联合国国际减灾十年"公布的影响人类活动的严重灾害之一,被国际电工委员会(IEC)称为"电子时代的一大公害"。我国的雷电灾害具有发生频次多、范围广、危害严重、社会影响大的特点,严重威胁着我国的社会公共安全和人民生命财产安全。

截至 2016 年 12 月,中国气象局国家雷电监测网考核站点共拥有监测站 394 个,《中国雷电监测报告(2016)》对 2016 年国家雷电监测网监测到的中国陆地区域云地闪特征进行了时空统计分析。全书共分四个部分,第一部分总结了 2016 年 1—12 月各月雷电活动极性、雷电活动地域特征和时间特征,并对全年雷电活动的时空特征作了总结。第二部分统计了 2016 年全年雷电(回击)密度、雷暴日、雷暴小时数、雷电极性、雷电频数、平均强度和发生规律等各项雷电气候参数,揭示了 2016 年雷电活动的强度、极性以及频繁程度等特征。第三部分分析了 31 个省(区、市)的雷电活动时空特征。第四部分主要介绍了针对其他部门和行业开展的雷电监测公共服务情况。

本书在编撰过程中得到各个方面的大力支持和热情鼓励,特别感谢中国气象局气象探测中心的领导、专家和同仁们对本书提出的宝贵意见和给予的有益指导!

由于编写时间仓促,书中不妥或不足之处,敬请广大读者批评指正。

编者

2017 年 11 月 20 日

目 录

第四部分　2016 年全国雷电监测信息行业服务

附录:全国雷电监测网运行情况统计

第一部分

2016 年全国雷电活动概况

一、1 月雷电活动情况

2016 年 1 月全国雷电活动分布见图 1.1。1 月全国雷电活动主要集中在广东、广西、云南及湖南和江西南部地区，总闪数为 6 216 次，其中正闪 2 024 次，占总闪数的 32.6%。

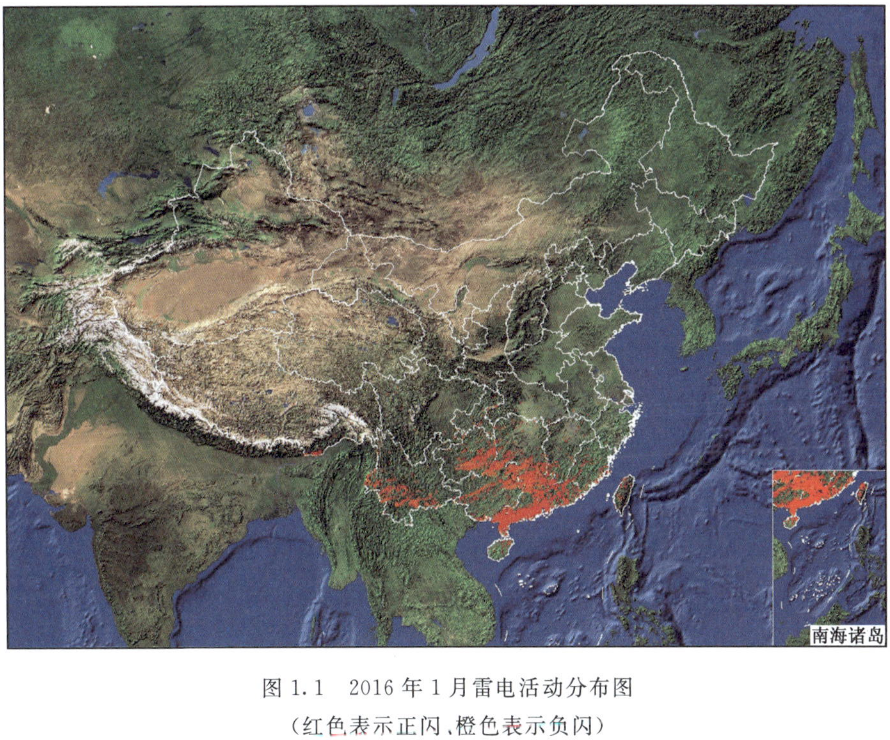

图 1.1　2016 年 1 月雷电活动分布图
（红色表示正闪、橙色表示负闪）

图 1.2 为 2016 年 1 月雷电频数逐日分布图，雷电活动多发期为 5 日和 28 日。其中 5 日闪电数最多，达 3 133 次。

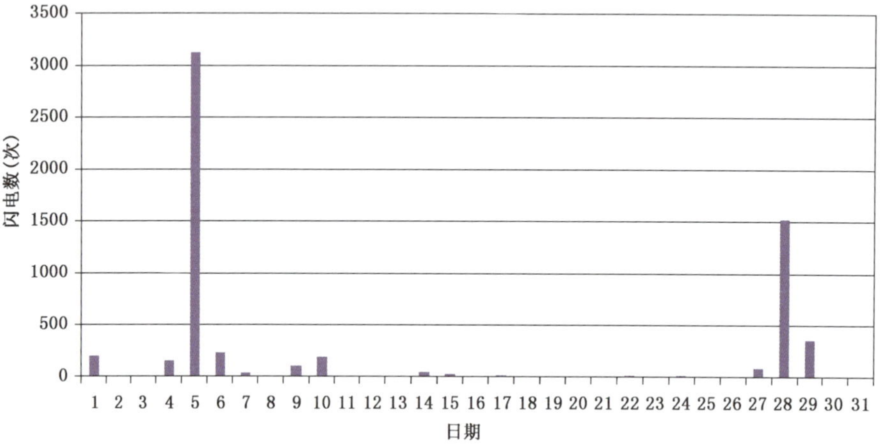

图 1.2　2016 年 1 月雷电频数逐日分布图

二、2 月雷电活动情况

2016 年 2 月全国雷电活动分布见图 1.3。2 月雷电活动开始增加，主要集中在云南、湖南、湖北、江西、安徽及江苏等地。全国共探测到雷电总闪数为 11 657 次，其中正闪 4 320 次，占总闪数的 37.1%。

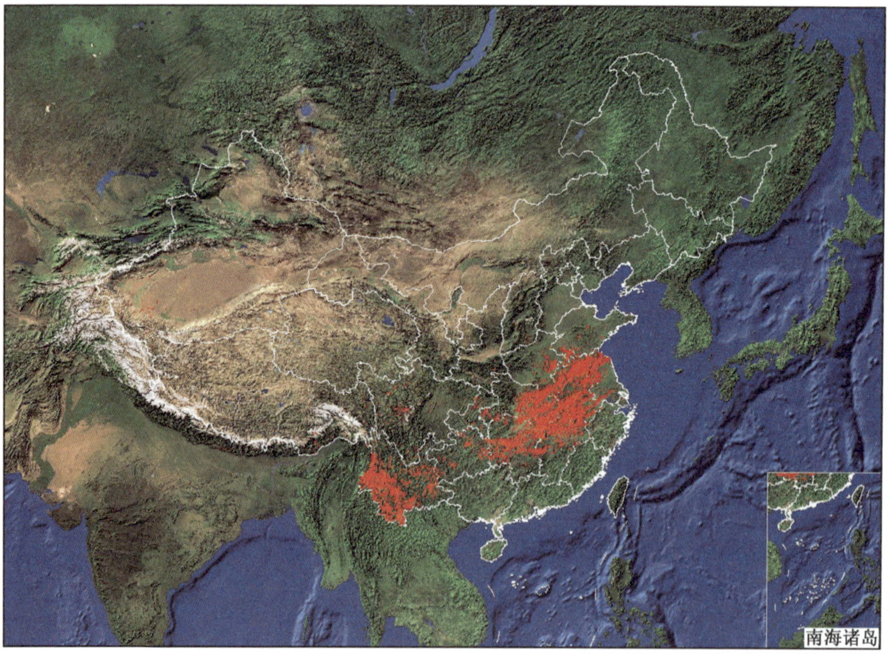

图 1.3　2016 年 2 月雷电活动分布图
（红色表示正闪、橙色表示负闪）

2016年2月雷电频数逐日分布如图1.4所示，雷电活动主要集中在12—13日，其中12日的雷电数达到6 903次，是2016年2月单日雷电数最多的一天。

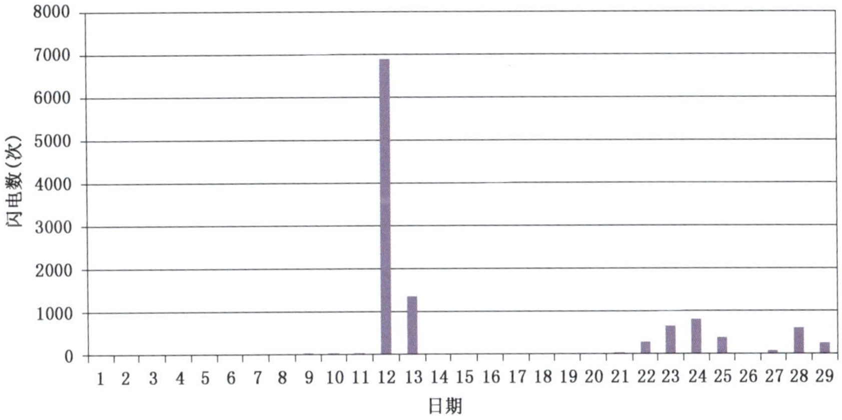

图1.4　2016年2月雷电频数逐日分布图

三、3月雷电活动情况

2016年3月全国共探测到雷电总闪数为193 191次，其中正闪21 992次，占总闪数的11.4%。雷电活动分布见图1.5所示，活动范围主要集中在华中、华东、西南、华南等地区。

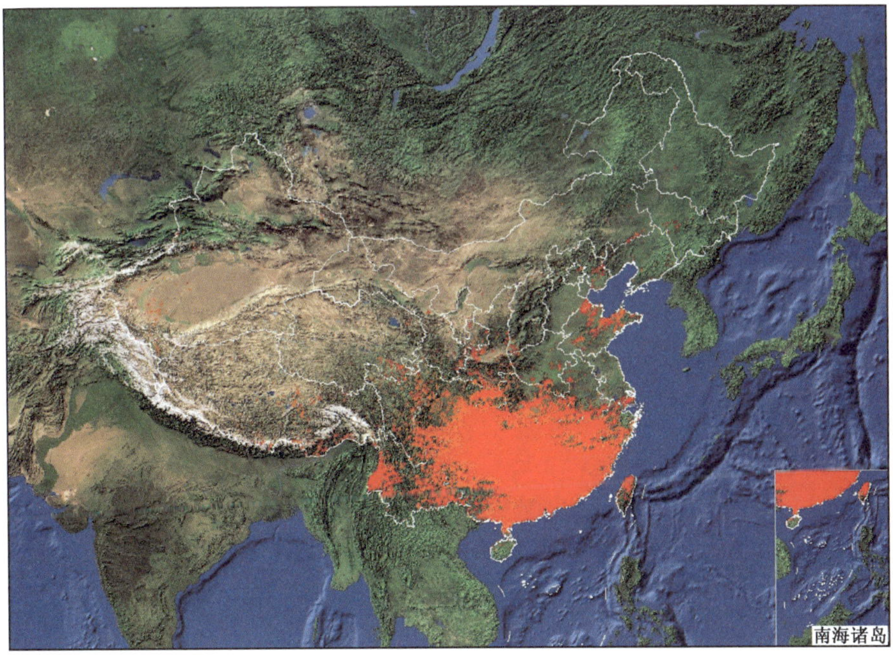

图1.5　2016年3月雷电活动分布图

（红色表示正闪、橙色表示负闪）

2016 年 3 月雷电活动继续增多,主要集中在 8 日和 17—22 日,雷电频数逐日分布如图 1.6所示,其中最多一天(20 日)的雷电数为 84 168 次。

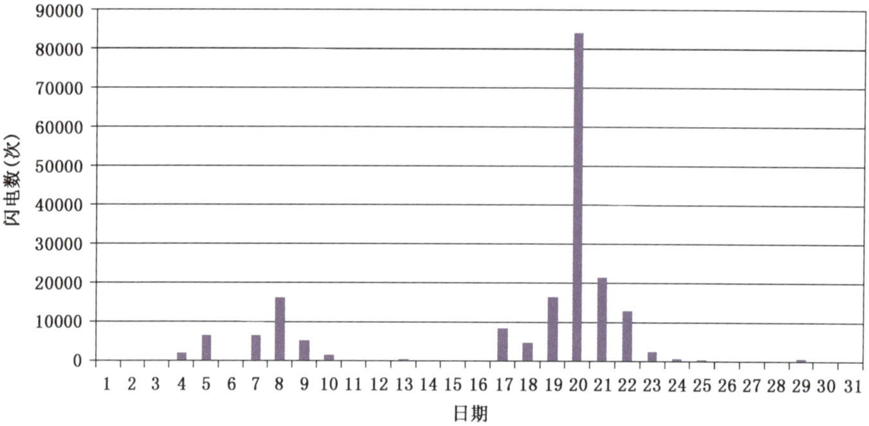

图 1.6　2016 年 3 月雷电频数逐日分布图

四、4 月雷电活动情况

2016 年 4 月国家雷电探测网共探测到雷电总闪数为 623 597 次,其中正闪 74 063 次,占总闪数的 11.9%。雷电活动分布见图 1.7,4 月雷电活动的特点是分布范围广。总体上来看,华北地区、长江中下游沿岸地区、西南地区和华南地区雷电活动频繁。雷电密度相对较高的地区主要在长江中下游地区、海南地区以及广东、福建沿海地区。全国的雷电密度分布如图 1.8 所示。

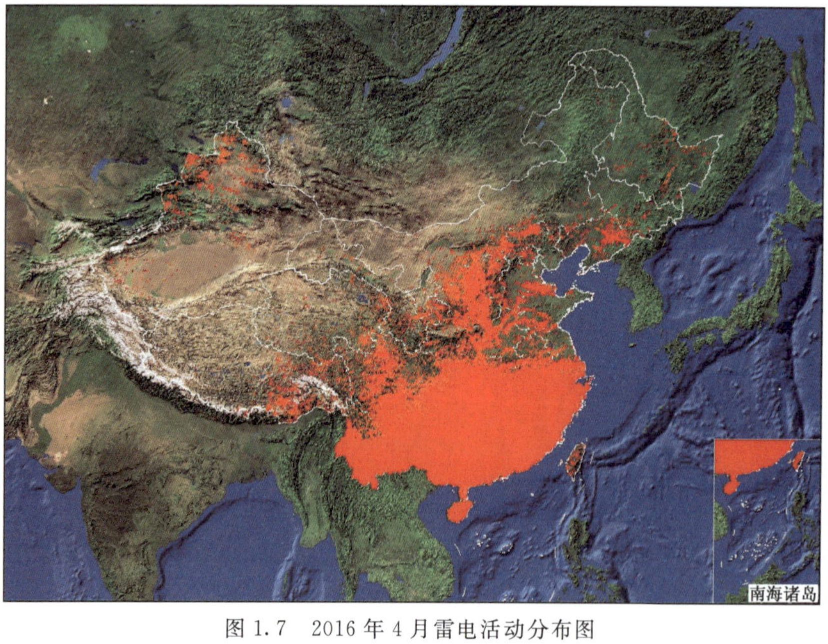

图 1.7　2016 年 4 月雷电活动分布图
(红色表示正闪、橙色表示负闪)

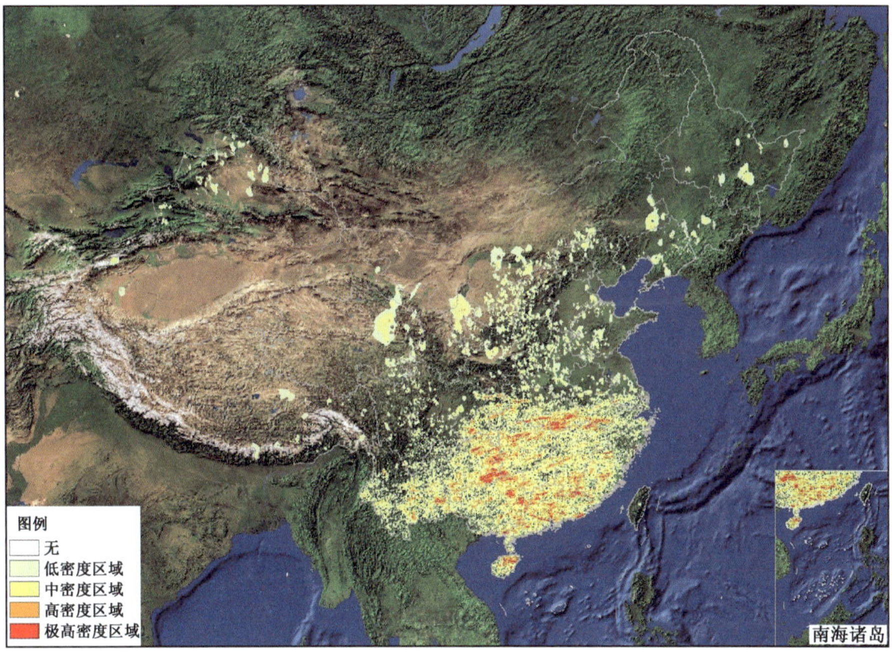

图 1.8　2016 年 4 月雷电密度分布图

图 1.9 为 2016 年 4 月雷电频数逐日分布图，雷电活动主要集中在 2—10 日以及 15—26 日。其中最多一天(3 日)的雷电数达到 94 192 次。

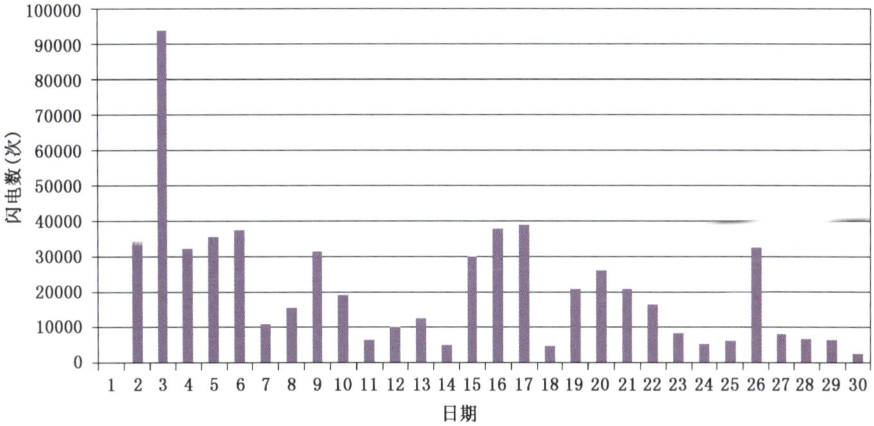

图 1.9　2016 年 4 月雷电频数逐日分布图

五、5 月雷电活动情况

2016 年 5 月国家雷电监测网共探测到雷电总闪数为 836 619 次，其中正闪 66 374 次，占总闪数的 7.9%。雷电活动与往年同期相比数量有所减少，总数约比 2015 年同期减少了 33.5%。雷电活动分布如图 1.10 所示。5 月雷电活动范围较大，整个中东部地区都有雷电活动。相对而言，东北地区、华东地区、华北地区、长江中下游地区、西南地区和华南地区雷电活动频繁，而西北地区雷电活动较弱。雷电高密度区域主要集中在广东、广西、湖南、江西、福建、海南等地区。雷电活动密度分布如图 1.11 所示。

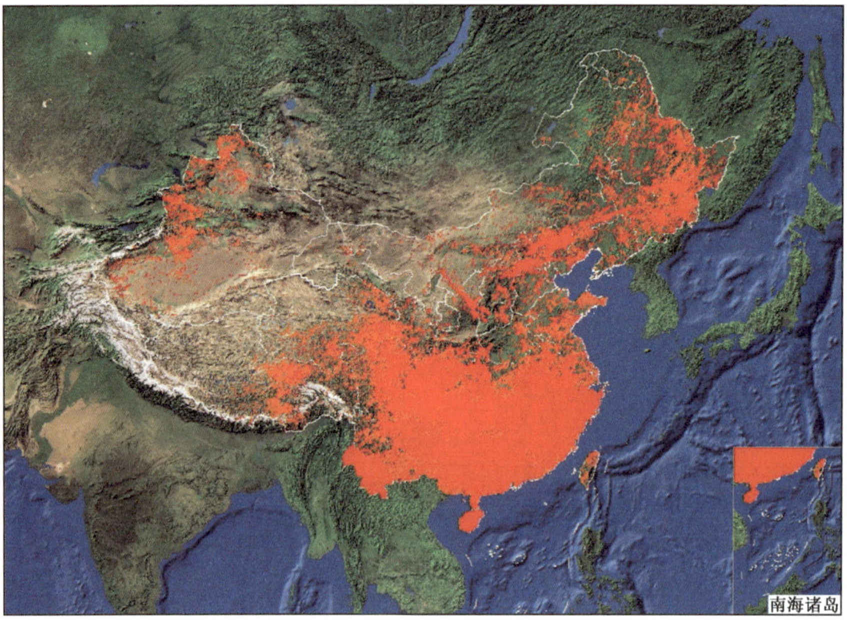

图 1.10　2016 年 5 月雷电活动分布图

（红色表示正闪、橙色表示负闪）

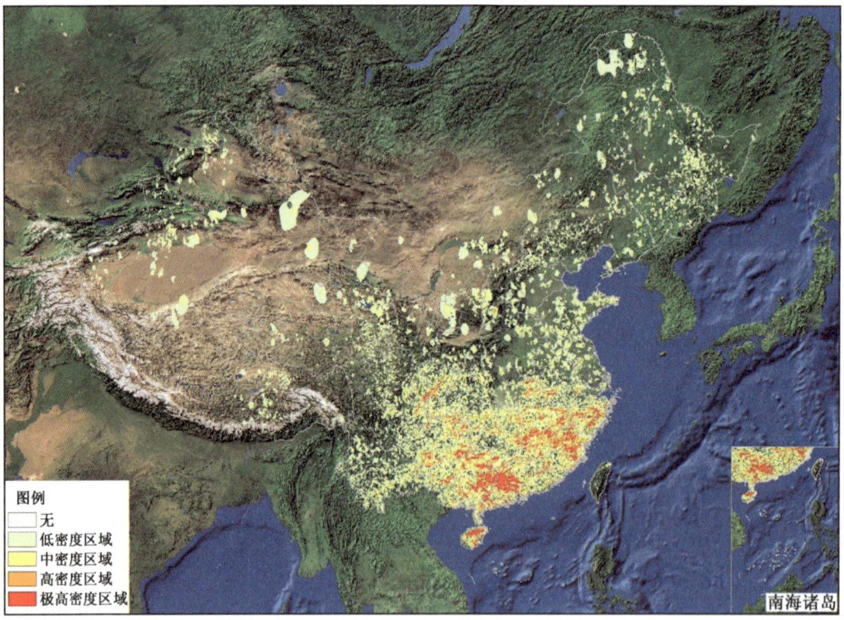

图 1.11　2016 年 5 月雷电密度分布图

2016 年 5 月雷电活动主要集中在上旬，其中 6 日雷电活动最多，数量达到 158 259 次，雷电频数逐日分布如图 1.12 所示。

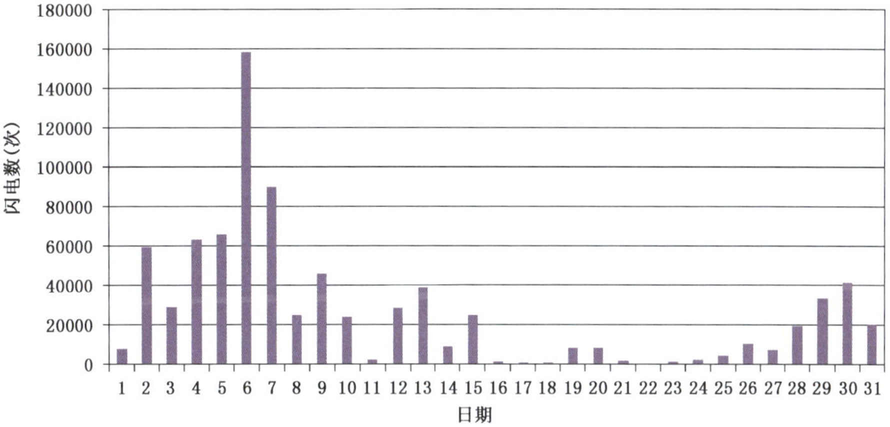

图 1.12　2016 年 5 月雷电频数逐日分布图

六、6 月雷电活动情况

2016 年 6 月全国的雷电活动频繁，国家雷电监测网共探测到雷电总闪数为 1 675 243 次，其中正闪 151 257 次，占总闪数的 9%。比 2015 年同期雷电总数增加了 14%。

2016 年 6 月雷电活动密度分布如图 1.13 所示。从图中可以看出，西南地区、华南地区、华北地区以及东北地区，都处于雷电活动密度较大的区域。

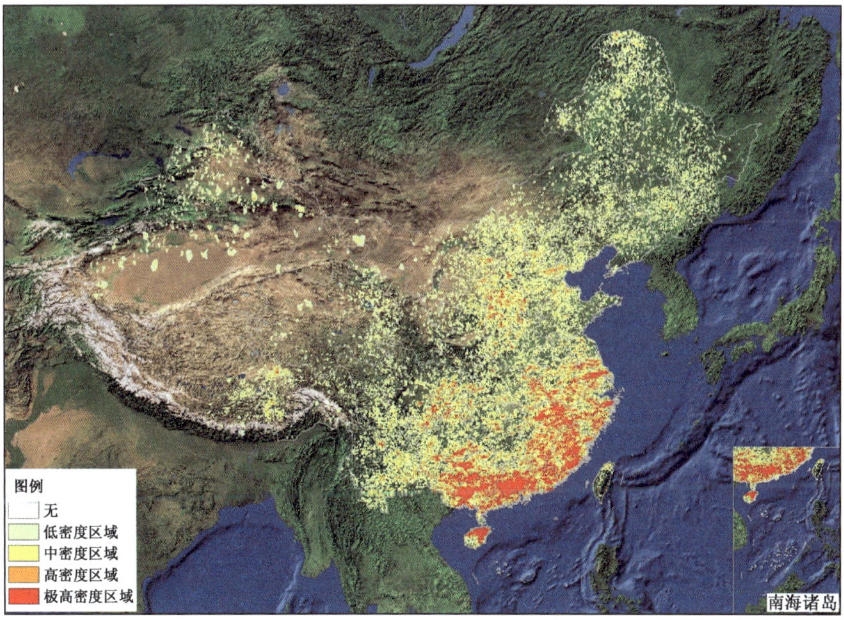

图 1.13　2016 年 6 月雷电密度分布图

2016 年 6 月雷电活动频繁，日雷电数超过 80 000 次的有 4 天，其中 15 日雷电活动最多，达到 108 705 次。雷电频数逐日分布如图 1.14 所示。

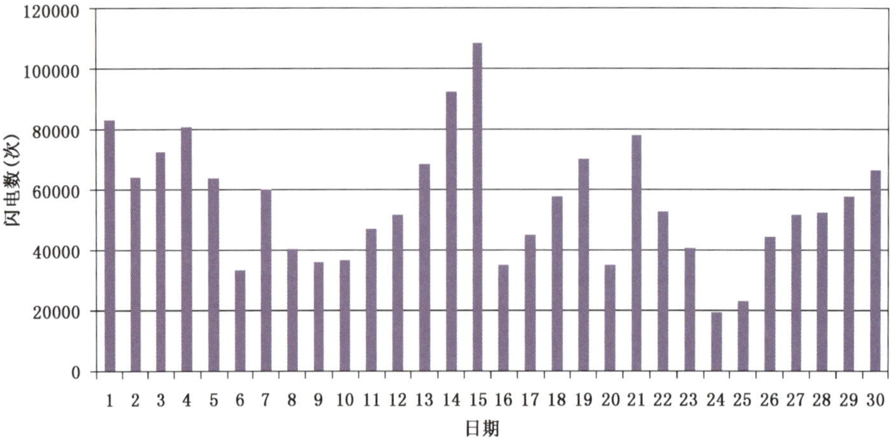

图 1.14　2016 年 6 月雷电频数逐日分布图

七、7 月雷电活动情况

2016 年 7 月雷电活动数量相比 6 月有所增加,全国共探测到雷电总闪数为 1 868 453 次,其中正闪 88 658 次,占总闪数的 4.7%。7 月雷电数量占全年雷电总数的 22.66%左右。闪电总数比 2015 年同期增加 38%。

图 1.15 为 2016 年 7 月雷电密度分布图,从图中可看出,雷电极高密度区域主要集中在长江中下游沿岸地区(四川、重庆、湖北、安徽、江苏、浙江),贵州、云南、山西、湖南、江西和河南等地区,华北(京津冀地区)以及东南沿海(福建、广东等)等地区。

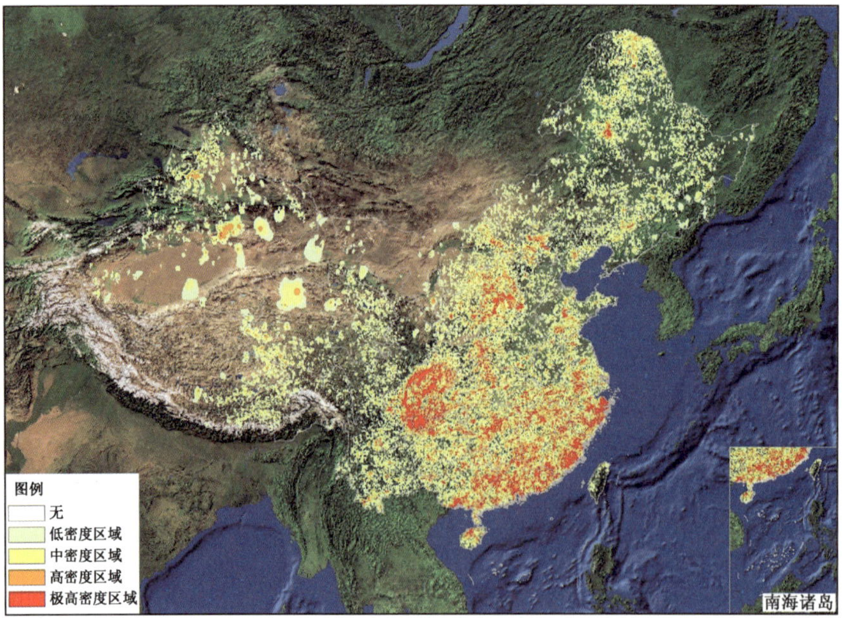

图 1.15　2016 年 7 月雷电密度分布图

2016 年 7 月雷电活动比较活跃，平均每日雷电数达到 60 273 次，超过 100 000 次的雷电日有 3 天，雷电活动最多一天(31 日)的雷电数达 155 638 次。7 月雷电活动最少的一天(21 日)数量也达到了 14 669 次，雷电频数逐日分布如图 1.16 所示。

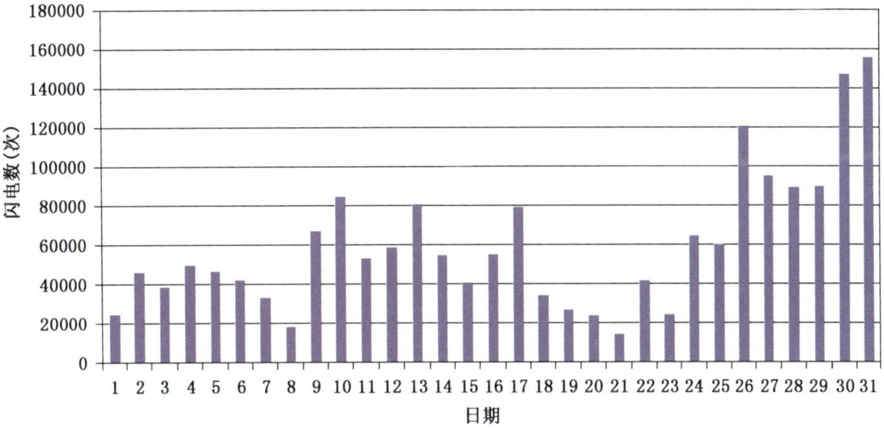

图 1.16　2016 年 7 月雷电频数逐日分布图

八、8 月雷电活动情况

2016 年 8 月国家雷电监测网共探测到雷电总闪数为 2 288 675 次，其中正闪 101 343 次，占总闪数的 4.4%，是全年雷电次数最多的月份。闪电总数比 2015 年同期增加 45%。

2016 年 8 月雷电活动非常活跃，平均每日雷电数达到 73 828 次。超过 100 000 次的雷电日有 6 天，其中最多一天(26 日)的雷电数有 206 166 次。雷电频数逐日分布如图 1.17 所示。

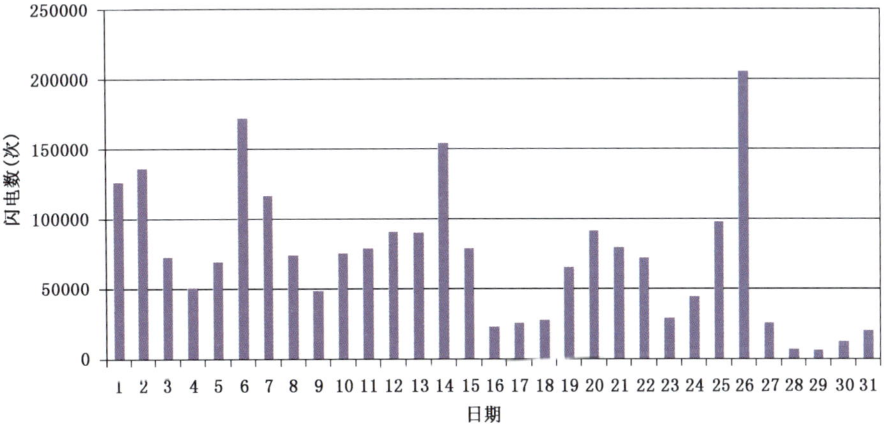

图 1.17　2016 年 8 月雷电频数逐日分布图

图 1.18 为 2016 年 8 月雷电密度分布图，雷电活动主要集中在华北地区、东北地区、东南沿海地区、华中地区及四川盆地。雷电极高密度区域主要集中在京津冀地区、辽宁、山西、陕西、福建、安徽、浙江、湖北、广东、江西、云南、重庆、贵州及海南等地区。

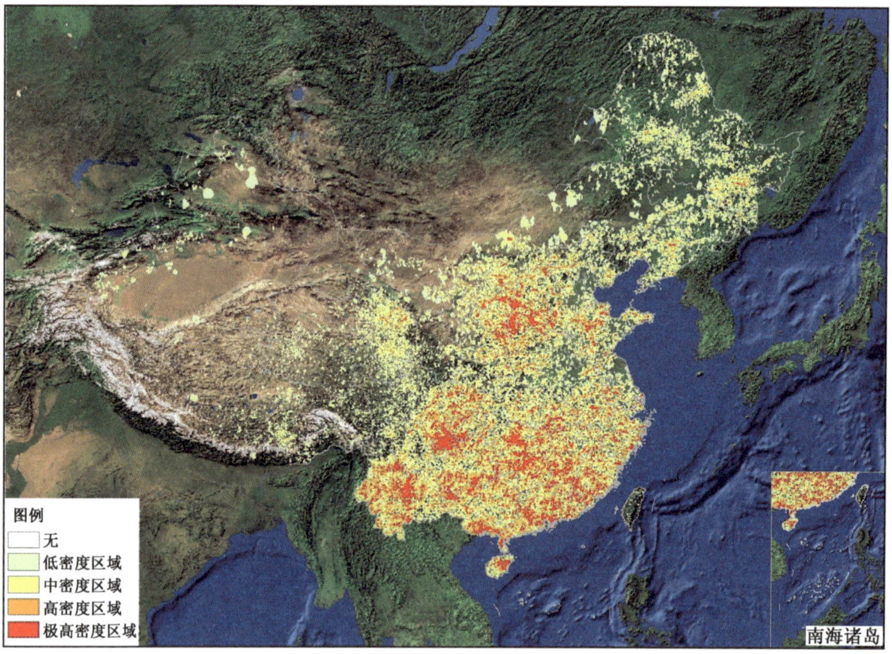

图 1.18　2016 年 8 月雷电密度分布图

九、9 月雷电活动情况

2016 年 9 月雷电活动比前 4 个月有所减少，数量约为 8 月的 27%，国家雷电监测网共探测到雷电总闪数为 611 463 次，其中正闪 43 897 次，占总闪数的 7.2%。雷电数量相比 2015 年同期增加了约 5%。

2016 年 9 月平均每日雷电数达到 20 382 次，雷电活动较均匀。其中最多一天(9 日)的雷电数达到 57 659 次。雷电频数逐日分布如图 1.19 所示。

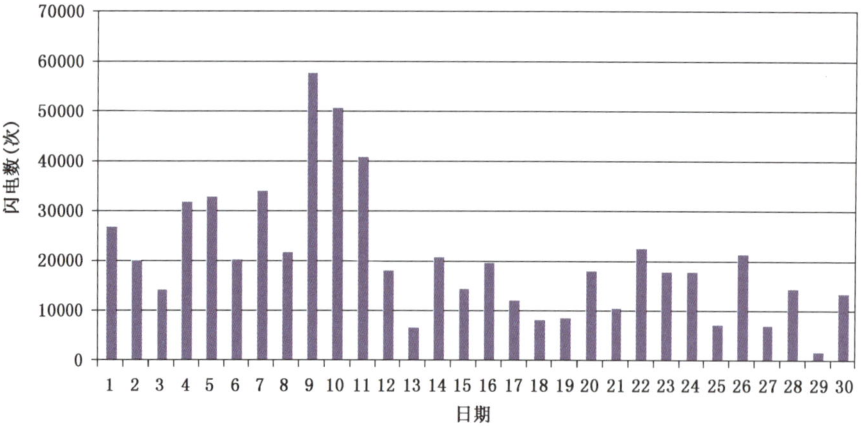

图 1.19　2016 年 9 月雷电频数逐日分布图

图1.20为2016年9月雷电密度分布图。9月雷电活动主要集中在华北地区、东北地区、云贵高原、华南地区和东南地区。活动范围较8月大幅缩小，雷电密度也明显减小，其中山东、河南、安徽、湖北、江苏及四川盆地等地的部分地区雷电密度迅速下降。雷电高密度区域主要集中在华北、东北、云南、贵州、重庆、广东、广西、福建和海南等地区。

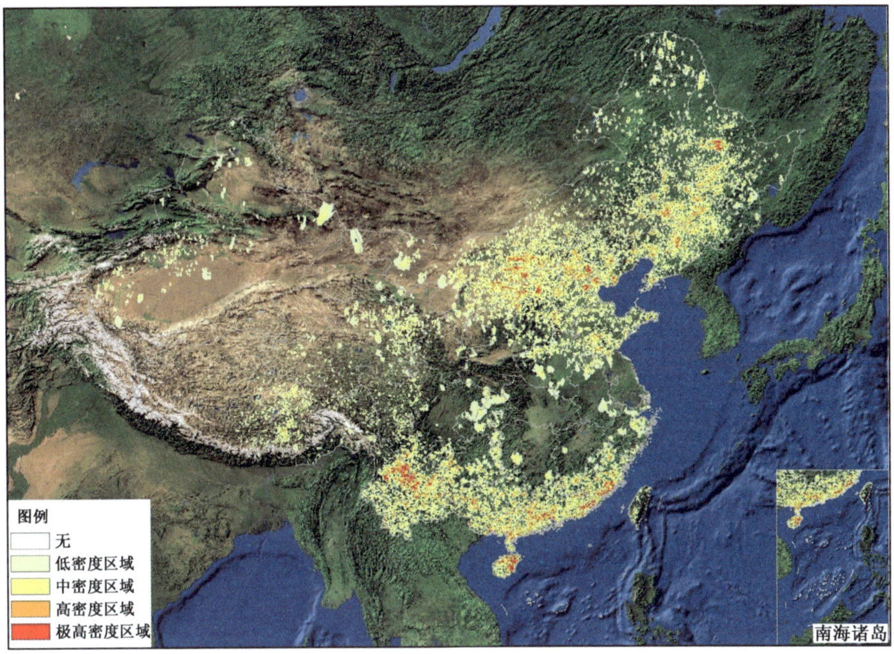

图1.20　2016年9月雷电密度分布图

十、10月雷电活动情况

2016年10月雷电活动相比前5个月迅速减少，雷电数仅为9月的19%，全国共探测到雷电总闪数为114 457次，其中正闪8 516次，占总闪数的7.4%。雷电数相比2015年同期增加了约15%。

2016年10月平均每日雷电数达到3 692次，雷电活动主要集中在1—12日，24—28日，其中最多一天(1日)的雷电数达到36 589次。雷电频数逐日分布如图1.21所示。

图1.22为2016年10月雷电活动分布图。10月雷电活动范围相对较小，主要集中在云南、四川、贵州、重庆、陕西、辽宁、黑龙江和吉林，以及北京、河北、湖北、浙江、江西、福建、广东、海南等部分地区。与2015年同期相比，雷电活动有所增加。

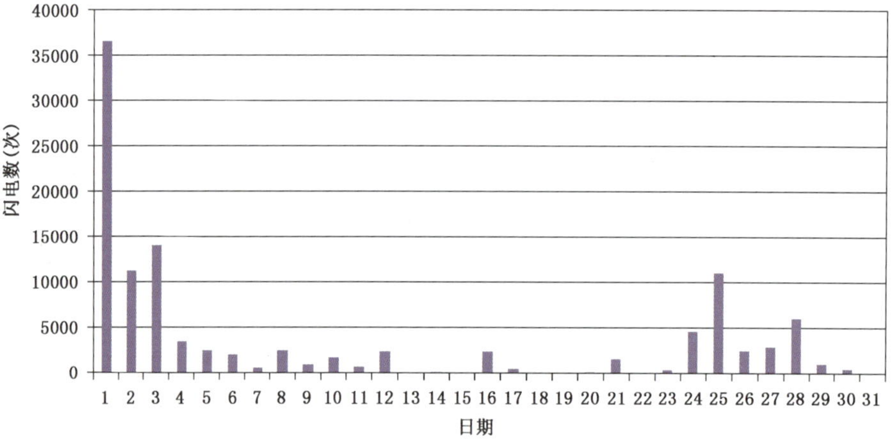

图 1.21　2016 年 10 月雷电频数逐日分布图

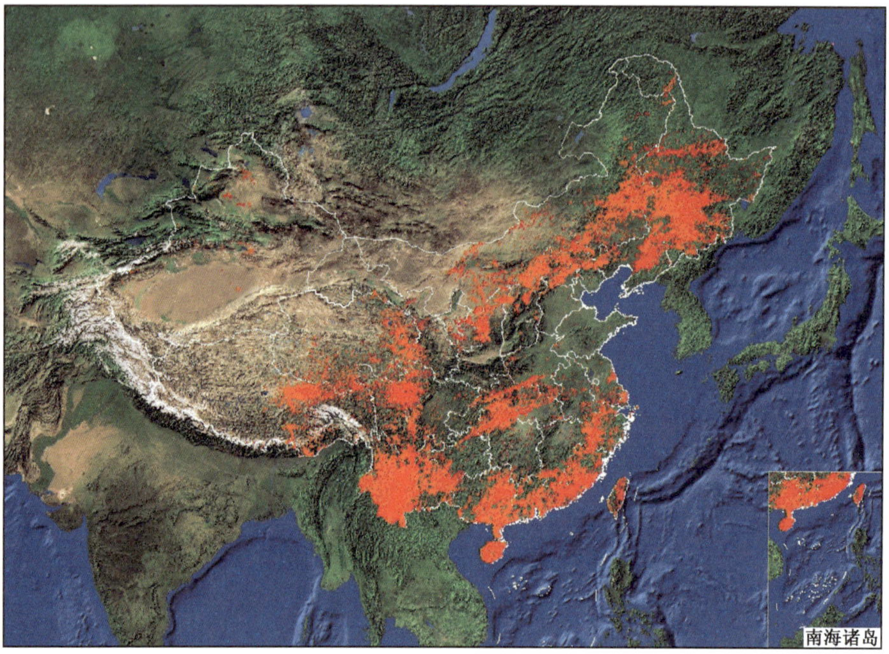

图 1.22　2016 年 10 月雷电活动分布图

(红色表示正闪,橙色表示负闪)

十一、11 月雷电活动情况

2016 年 11 月国家雷电监测网共探测到雷电总闪数为 12 002 次,其中正闪 1 574 次,占总闪数的 13.1%。雷电数明显少于 2015 年 11 月的 60 649 次,比 2015 年同期减少了 80.2%,比

2016 年 10 月的雷电数减少了 90%，雷电活动明显减少。

2016 年 11 月平均每日雷电数只有 400 次，雷电活动主要集中在 18—21 日，其中最多一天(19 日)的雷电数达到 5 584 次，其他时间段雷电活动相对较少。雷电频数逐日分布如图 1.23 所示。

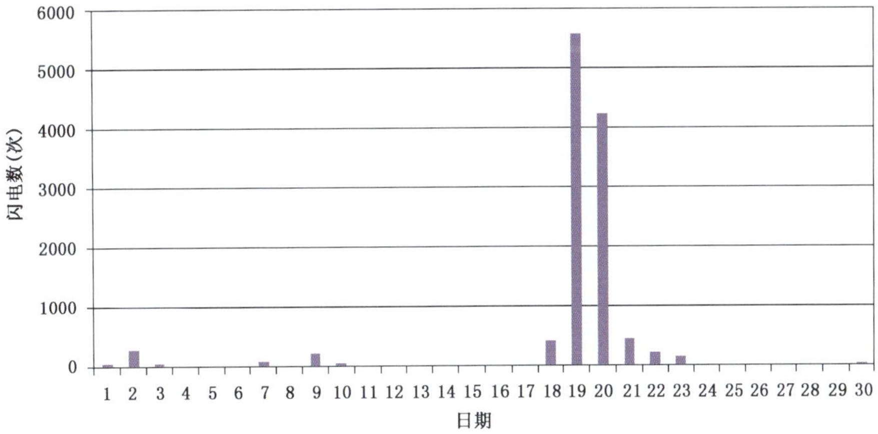

图 1.23　2016 年 11 月雷电频数逐日分布图

图 1.24 为 2016 年 11 月雷电活动分布图。11 月雷电活动数量和范围均有减少，主要集中在江苏、安徽和福建等地区，以及广东、广西和云南等地区。

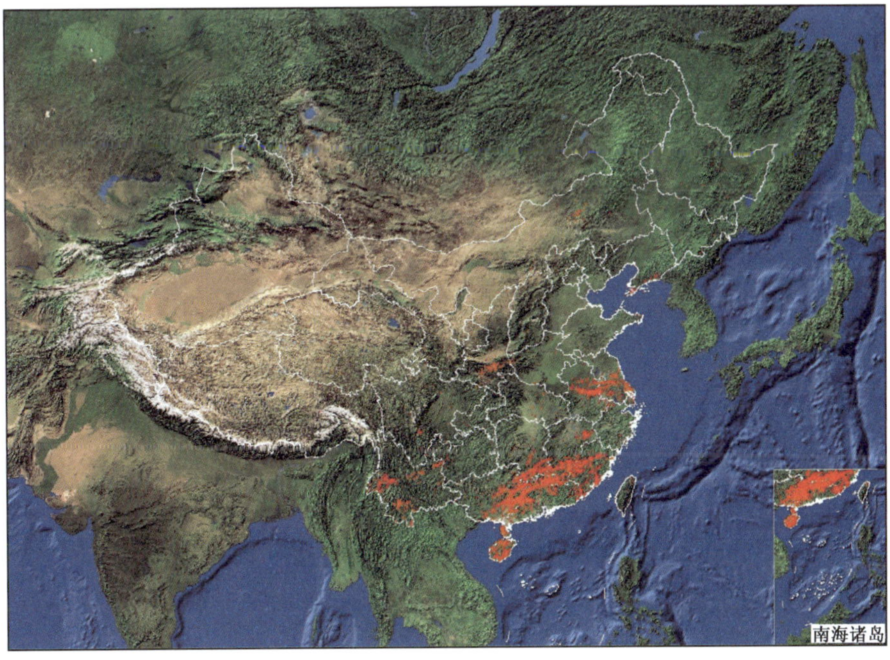

图 1.24　2016 年 11 月雷电活动分布图
(红色表示正闪，橙色表示负闪)

十二、12 月雷电活动情况

2016 年 12 月雷电频数逐日分布如图 1.25 所示，国家雷电监测网共探测到雷电总闪数为 3 505 次，其中正闪 677 次，占总闪数的 19.3%。雷电活动 21 日最多，数量达 3 038 次。图 1.26 为 12 月雷电活动分布图。2016 年 12 月雷电活动很少，只发生在浙江、江西、福建和云南等少部分地区。

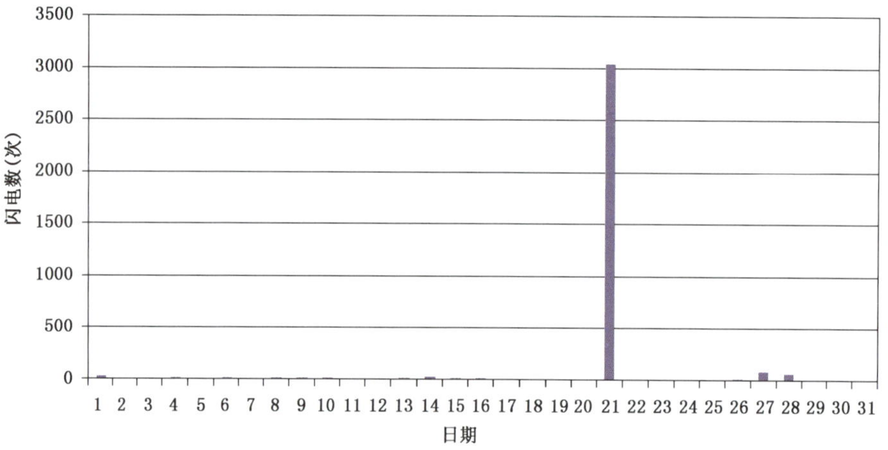

图 1.25　2016 年 12 月雷电频数逐日分布图

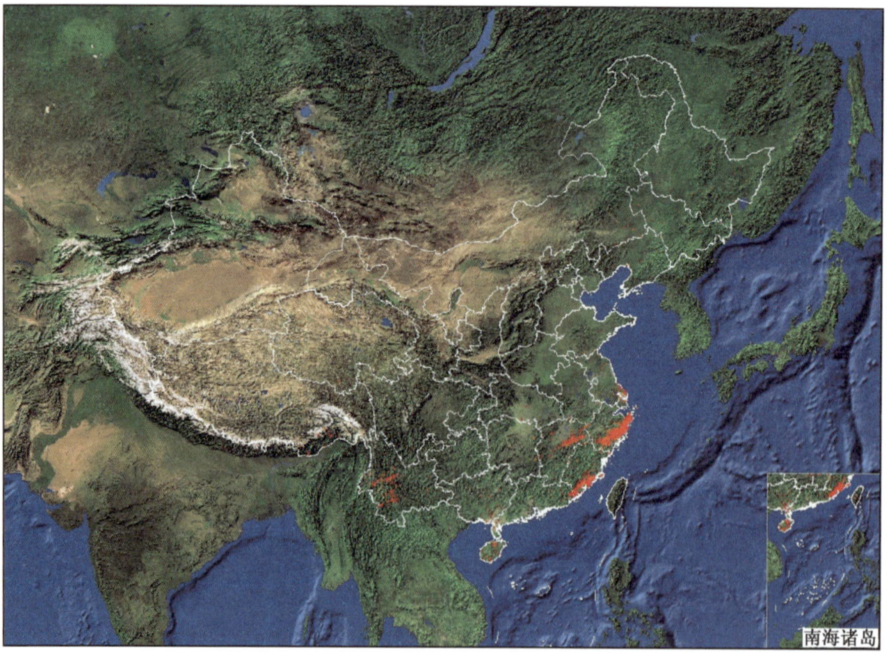

图 1.26　2016 年 12 月雷电活动分布图
(红色表示正闪，橙色表示负闪)

十三、全年雷电活动情况总结

2016 年 1—12 月全国共发生云地闪 824.5 万次，与 2015 年 705.4 万次相比有所增加。2016 年的雷电天气系统在时间分布特征上与 2015 年稍有不同，1 月、3 月、8 月、12 月雷电活动相对 2015 年明显增加，2 月、11 月雷电活动相对 2015 年明显减少，其他月雷电活动变化差异不大，雷电活动活跃期为 2—10 月，其中 5—8 月为高发期。

1. 时间特点

2016 年 1 月、12 月云地闪数较少，但比 2015 年同期有所增加。1 月、5 月以及 11 月呈现下降趋势，分布较 2015 年云地闪数有明显减少。其他月云地闪数较 2015 年同期都有所增加，其中 12 月增加 455.5%。

2. 空间分布特点

2016 年全国云地闪密度数值较 2015 年有所增加，平均密度高于 2015 年。分布区域与往年相似，广东珠江三角洲、四川东部、上海、浙江、江苏南部、安徽南部、江西北部和福建东部沿海地区仍为云地闪高密度区域，北方部分省份如山东、河南、河北和辽宁等地部分地区地闪高密度较 2015 年有所增加。

具体见图 1.27、图 1.28 和表 1.1。

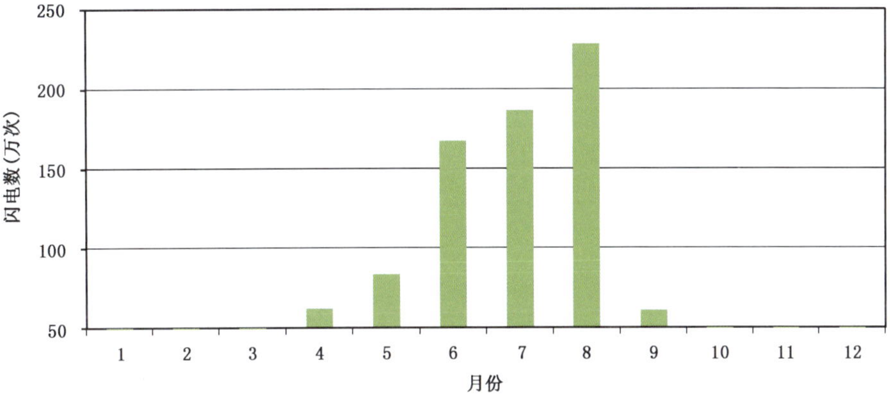

图 1.27 2016 年雷电数分布图

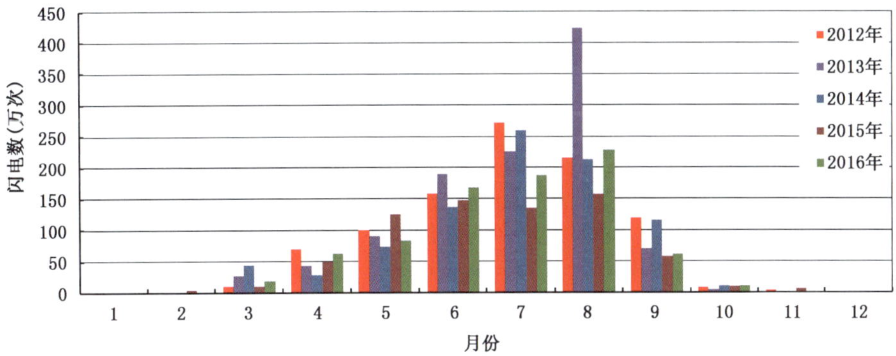

图 1.28 2012—2016 年月雷电数分布图

表 1.1　2012—2016 年月雷电数分布表(单位:次)

月份	2012 年	2013 年	2014 年	2015 年	2016 年	2016 年与 2015 年同比增长
1	1104	690	580	3453	6216	80.02%
2	18130	9291	1257	49011	11657	−76.22%
3	106108	284134	452007	103383	193191	86.87%
4	701366	435855	287025	496593	623597	25.58%
5	1006276	910773	733815	1257254	836619	−33.46%
6	1585211	1900373	1362287	1473940	1675243	13.66%
7	2716097	2261808	2604028	1350187	1868453	38.38%
8	2150504	4225161	2122428	1577081	2288675	45.12%
9	1190823	697508	1163220	582678	611463	4.94%
10	83453	48343	108857	99392	114457	15.16%
11	31244	3187	14804	60649	12002	−80.21%
12	6924	1418	110	631	3505	455.47%
全年	9597240	10778541	8850418	7054252	8245078	16.88%

第二部分
2016 年全国雷电气候参数统计

一、全国雷电(回击)密度分布图

2016 年全国云地闪密度数值比 2015 年偏高，区域分布与往年相似，高密度区分布在东南沿海与西南一带，其中广东珠江三角洲、四川东部、上海、浙江、福建沿海地区、贵州南部、湖北北部和江苏北部地区仍为云地闪高密度区域，雷电密度分布如图 2.1 所示(单位为次/(平方千米·年))，平均密度高于 2015 年。部分省(区、市)如陕西、河北、四川、湖南、江西、广西等地部分地区地闪高密度较 2015 年有所增加。

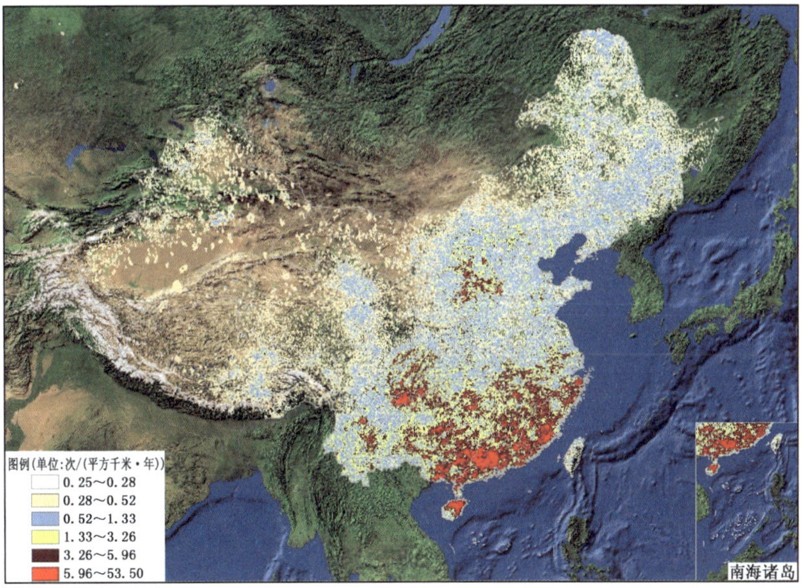

图 2.1　2016 年全国雷电密度分布图

二、全国雷暴日分布图

图 2.2 为 2016 年全国雷暴日分布，单位为天/(20×20 平方千米·年)。从图中可以看出，雷暴活动由东南沿海向西北内陆雷暴日逐渐减少，雷暴日地区分布情况与往年类似，个别

地区稍有差别。2016 年全国雷暴日数最高达 135 天,比 2015 年有所增加。长江以南仍旧是雷暴日数较多区域。与 2015 年相比,华南地区雷暴日有所增加,尤其是江西、广东、福建、海南,雷暴日明显高于 2015 年。年雷暴日数在 70 天以上的地区主要有:江西南部、广西东南部、广东、福建南部和海南等地区。而地处东北的黑龙江中南部雷暴日较 2015 年有所减少。

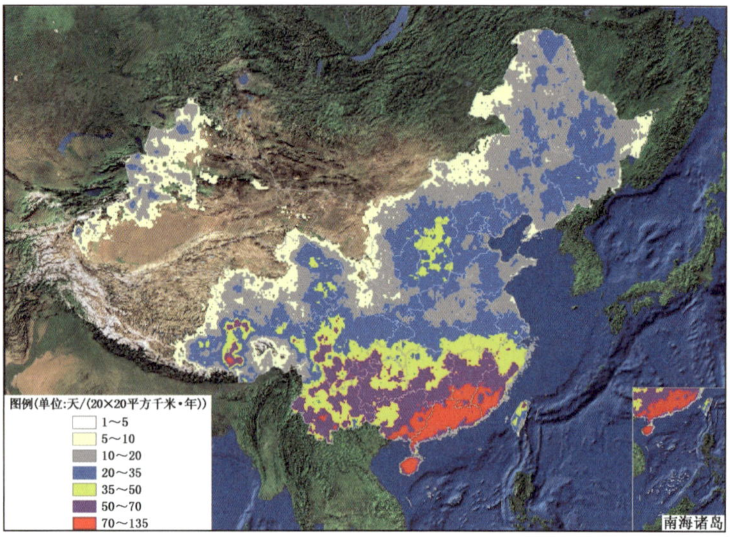

图 2.2　2016 年全国雷暴日分布图

三、全国雷电小时数分布图

2016 年全国雷电小时数分布如图 2.3 所示,高值地区集中在东南沿海地区、华南地区、云贵川地区以及华中地区等区域。与 2015 年相比,全国雷电小时数整体上呈现上升趋势,尤其在东南沿海和华南地区雷电小时数较 2015 年上升明显。

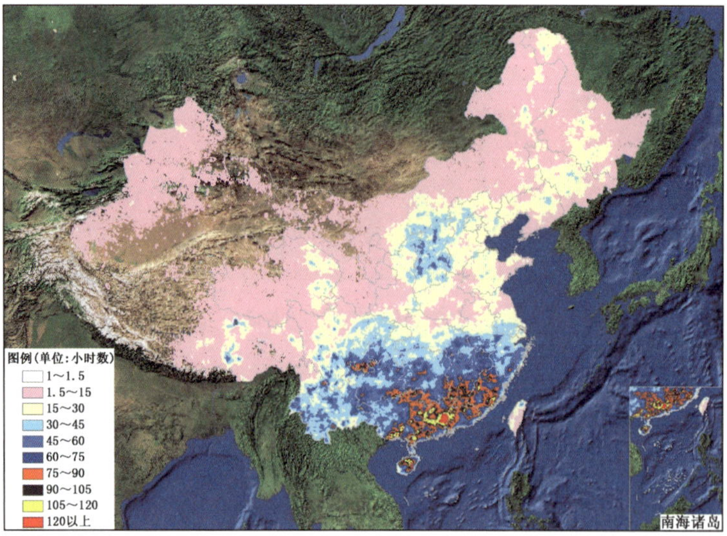

图 2.3　2016 年全国雷电小时数分布图

四、全国雷电极性分布图

2016 年全国雷电极性分布(正闪百分比)如图 2.4 所示,我国南部大部分地区正闪百分比低于 15%,长江以北地区正闪百分比较高,可达 15%以上,许多地区达到 40%以上。

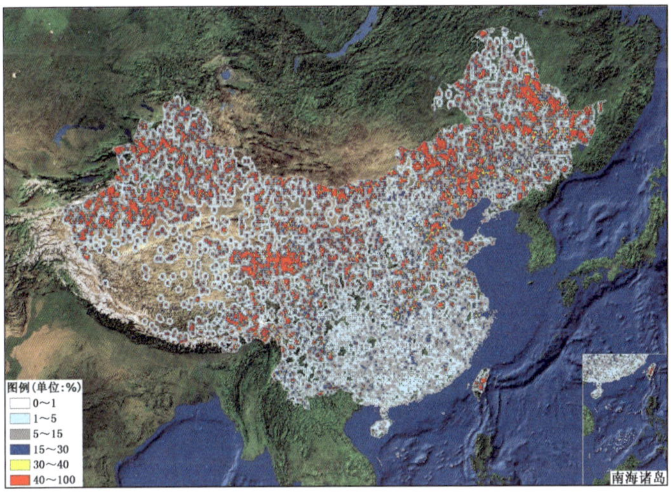

图 2.4　2016 年全国雷电极性分布图(正闪百分比)

五、全国雷电频数分布图

图 2.5 为 2016 年全国雷电频数分布图(单位为次/小时),全国雷电频数分布高值区域与 2015 年分布有所不同,长江流域(包括江苏、湖北和四川)与 2015 年类似,仍为高值区,华北地区、华中地区、华南地区雷电频数略有减少,四川地区雷电频数显著增加。

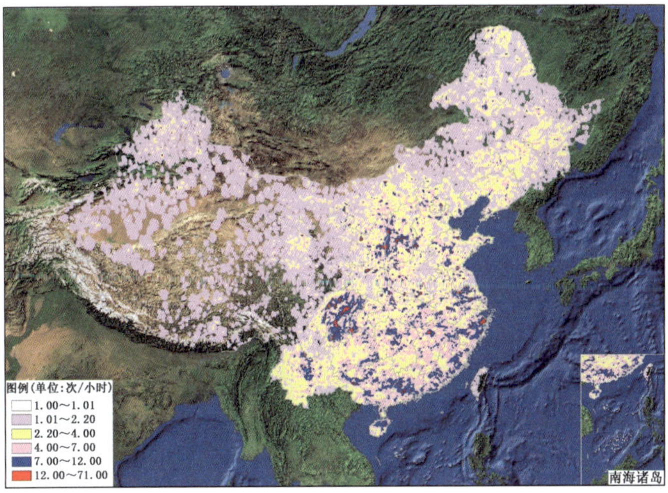

图 2.5　2016 年全国雷电频数分布图

六、全国雷电负闪(回击)平均强度分布图

2016 年全国雷电负闪平均强度分布区域(图 2.6)与 2015 年相比,西藏、四川和云南平均强度达到 120 千安以上的地区明显增加。2016 年华南地区负闪平均强度基本在 30～40 千安,与 2015 年持平。

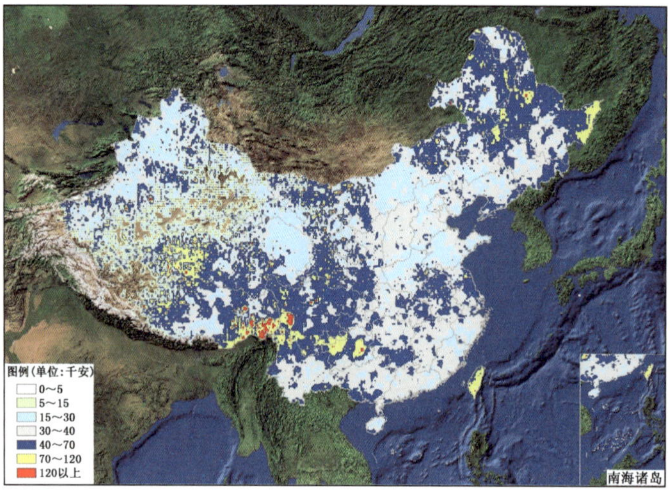

图 2.6　2016 年全国雷电负闪平均强度分布图

七、全国雷电正闪(回击)平均强度分布图

2016 年全国雷电正闪平均强度分布区域(图 2.7)与 2015 年有一定差异,西藏地区、东北地区正闪平均强度明显增加,个别地区达到 120 千安以上,其他地区基本与 2015 年持平。

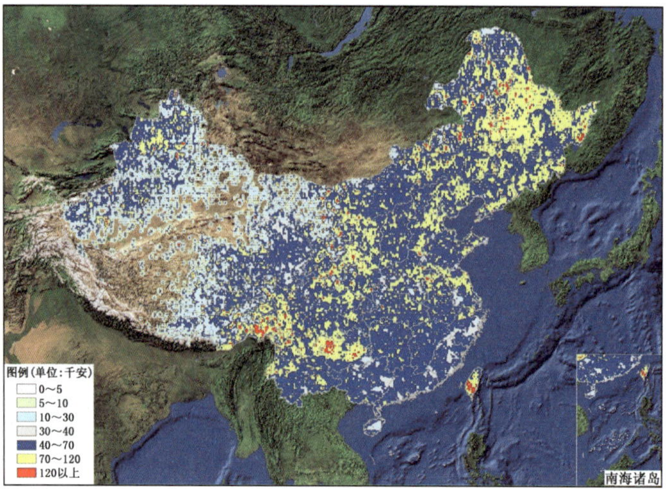

图 2.7　2016 年全国雷电正闪平均强度分布图

第三部分
2016 年各省(区、市)雷电密度、雷暴日分布

一、北京市

2016 年北京市共发生闪电 20 475 次,其中正闪 2 714 次,负闪 17 761 次,每月雷电次数见表 3.1 和图 3.1。从 1 月开始有雷电活动,5—10 月是雷电高发期,其中 9 月雷电活动次数最多,1—4 月有少量雷电活动,11 月和 12 月无雷电活动。

北京市雷电密度分布如图 3.2 所示,最高雷电密度为 13.45 次/(平方千米 · 年),比 2015 年低 0.3 次/(平方千米 · 年)。高密度区域与 2015 年有所不同,2016 年高密度区域集中在延庆、怀柔、门头沟及顺义。中心城区一带雷电密度略低于 2015 年。北京市雷暴日分布如图 3.3 所示,年雷暴日数最高为 36 天,雷暴月数为 10 个月,高雷暴区域位于延庆、昌平、怀柔的中南部以及房山和门头沟交界的西部。

表 3.1　2016 年北京市月雷电数统计表(单位:次)

月份	总闪数	正闪数	负闪数
1	1	0	1
2	1	0	1
3	10	3	7
4	85	72	13
5	417	164	253
6	3288	1322	1966
7	3418	277	3141
8	2869	98	2771
9	9235	767	8468
10	1151	11	1140
11	0	0	0
12	0	0	0
合计	20475	2714	17761

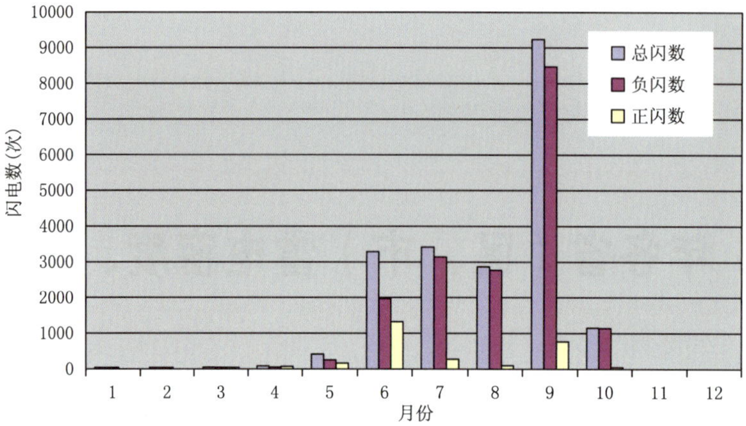

图 3.1　2016 年北京市月雷电数统计直方图

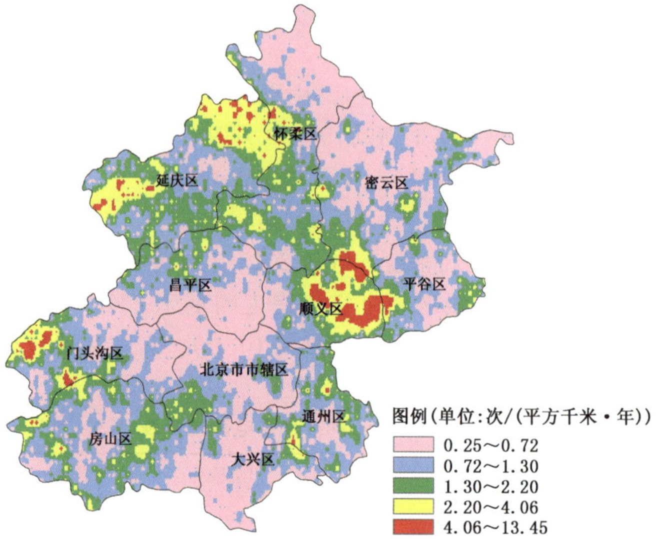

图 3.2　2016 年北京市雷电密度分布图

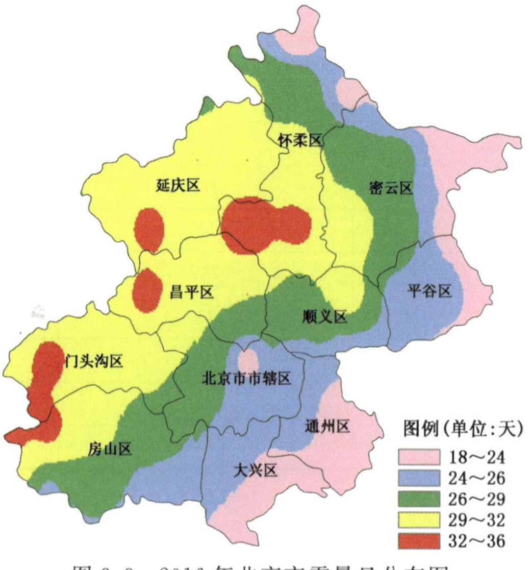

图 3.3　2016 年北京市雷暴日分布图

二、天津市

2016年天津市共发生闪电10 876次,其中正闪1 947次,负闪8 929次,每月雷电次数见表3.2和图3.4。1月和2月无雷电活动,3月开始有少量雷电活动,6—9月是雷电高发期,其中9月雷电活动次数最多,10月雷电活动骤然减少。

天津市雷电密度分布如图3.5所示,最高雷电密度为5.75次/(平方千米·年),高于2015年。分布趋势也大有不同,高密度区域集中在天津中部和西南部一带。中部地区雷电密度较2015年明显增加。天津市雷暴日分布如图3.6所示,年雷暴日数最高为29天,少于2015年,雷暴月数为8个月。

表3.2 2016年天津市月雷电数统计表(单位:次)

月份	总闪数	正闪数	负闪数
1	0	0	0
2	0	0	0
3	1	0	1
4	12	6	6
5	41	24	17
6	4851	1551	3300
7	343	86	257
8	338	64	274
9	5276	216	5060
10	14	0	14
11	0	0	0
12	0	0	0
合计	10876	1947	8929

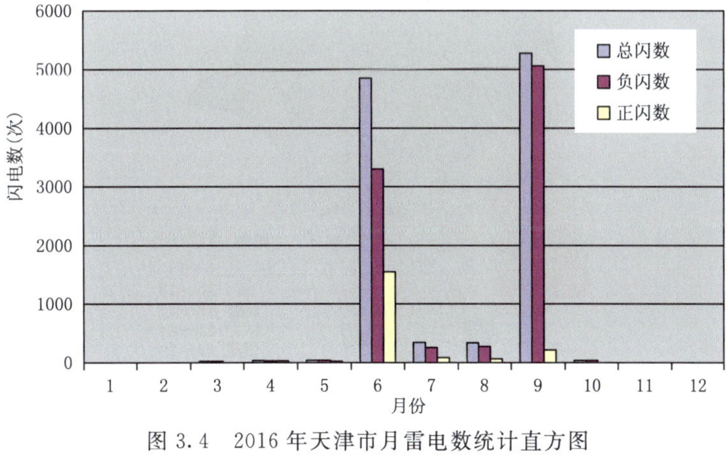

图3.4 2016年天津市月雷电数统计直方图

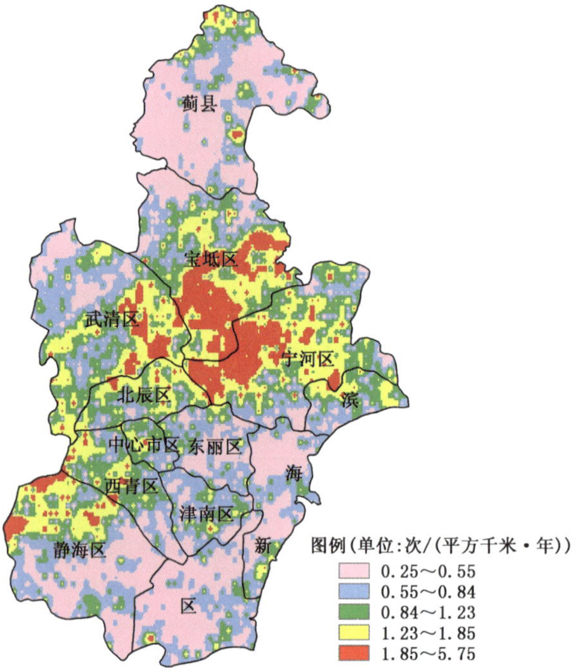

图 3.5　2016 年天津市雷电密度分布图

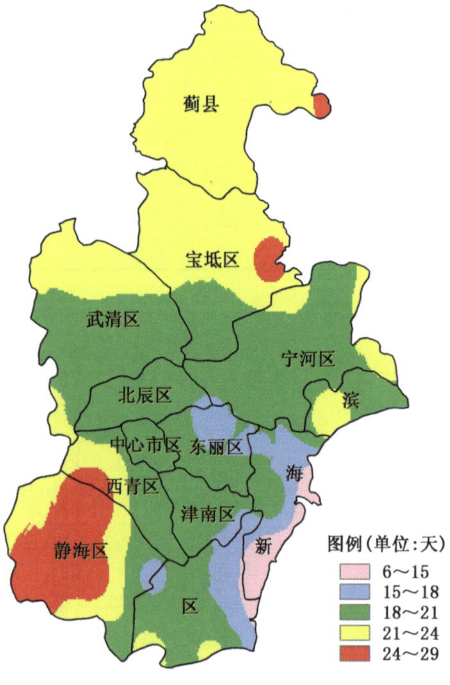

图 3.6　2016 年天津市雷暴日分布图

三、河北省

2016年河北省共发生闪电193 211次,其中正闪26 239次,负闪166 972次,每月雷电次数见表3.3和图3.7。1—3月有少量雷电活动,4月雷电活动增多,6—9月是雷电高发期,其中8月雷电活动次数最多,10月雷电活动明显减少,11—12月仅有少量的雷电活动。

河北省雷电密度分布如图3.8所示,高密度区域分布在河北省西南部部分地区(邢台、邯郸),张家口、保定、廊坊和唐山部分地区雷电密度也较高。最高雷电密度为30.25次/(平方千米·年),较2015年增加18.75次/(平方千米·年)。河北省雷暴日分布如图3.9所示,年雷暴日数最高为42天,比2015年减少8天,雷暴月数为12个月。

表3.3　2016年河北省月雷电数统计表(单位:次)

月份	总闪数	正闪数	负闪数
1	3	0	3
2	3	0	3
3	84	55	29
4	1336	747	589
5	3375	1929	1446
6	44579	13412	31167
7	44302	3409	40893
8	51498	2350	49148
9	45590	4164	41426
10	2439	173	2266
11	1	0	1
12	1	0	1
合计	193211	26239	166972

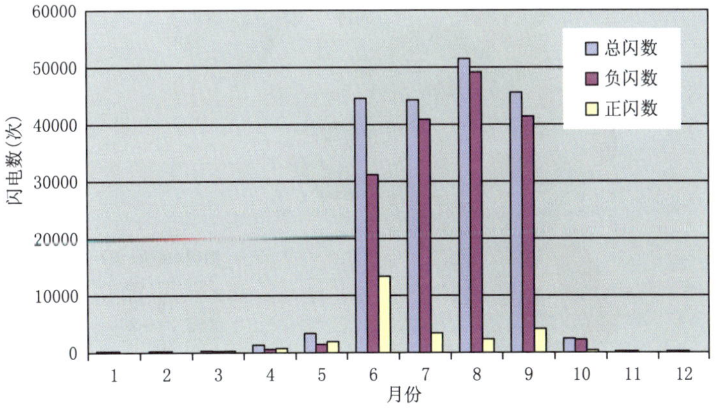

图3.7　2016年河北省月雷电数统计直方图

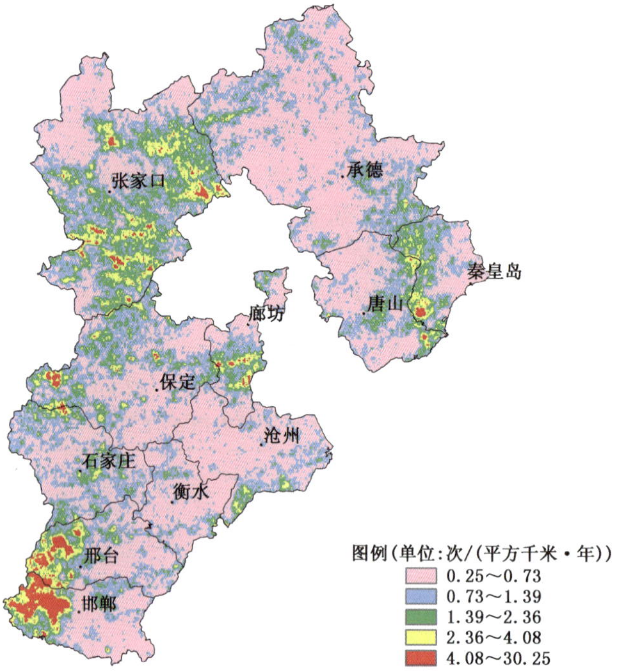

图 3.8　2016 年河北省雷电密度分布图

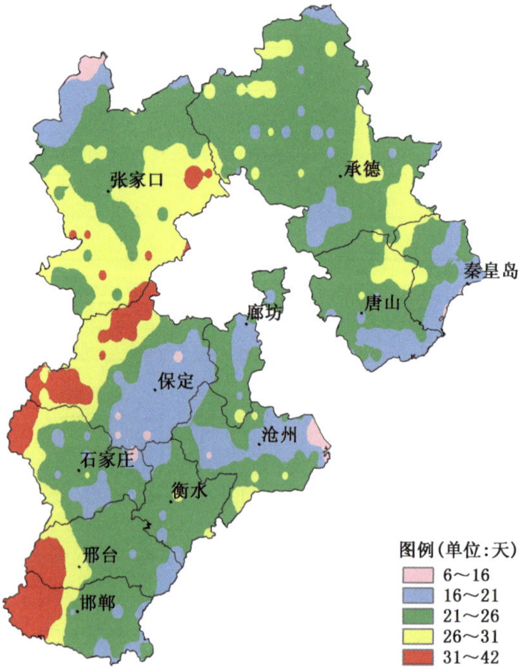

图 3.9　2016 年河北省雷暴日分布图

四、山西省

2016 年山西省共发生闪电 335 138 次，其中正闪 18 764 次，负闪 316 374 次。每月雷电次数见表 3.4 和图 3.10。1 月无雷电活动，2 月和 3 月开始有少量雷电活动，4 月雷电活动开始增多，6—9 月是雷电高发期，其中 8 月雷电活动最多，10 月雷电活动明显减少，11 月和 12 月仅有少量雷电活动。

山西省雷电密度分布如图 3.11 所示，高密度区域集中在离石的北部、临汾西北部及榆次的西南部地区，长治和忻州地区也有零散分布，最高雷电密度为 28.25 次/(平方千米·年)。山西省雷暴日分布如图 3.12 所示，年雷暴日数最高为 46 天，雷暴月数为 11 个月。

表 3.4　2016 年山西省月雷电数统计表(单位:次)

月份	总闪数	正闪数	负闪数
1	0	0	0
2	11	1	10
3	38	11	27
4	3685	1324	2361
5	1557	762	795
6	59722	7083	52639
7	98912	4328	94584
8	141655	3242	138413
9	27465	1949	25516
10	2086	63	2023
11	5	0	5
12	2	1	1
合计	335138	18764	316374

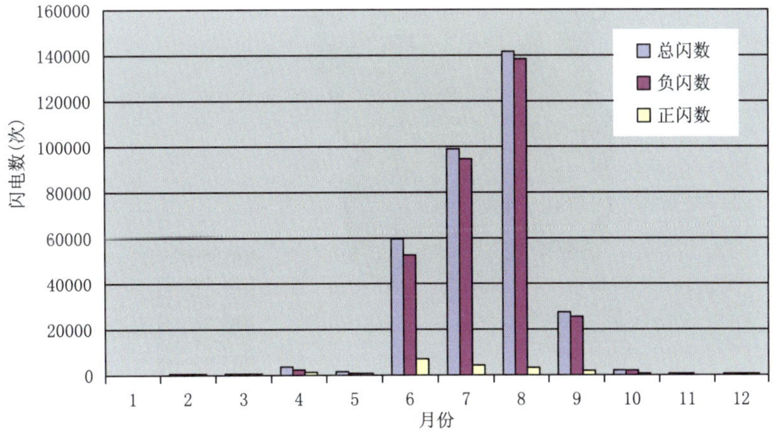

图 3.10　2016 年山西省月雷电数统计直方图

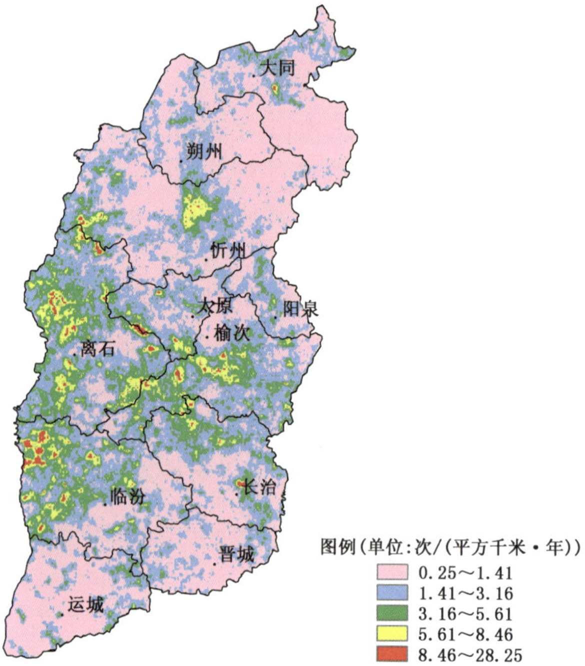

图 3.11 2016 年山西省雷电密度分布图

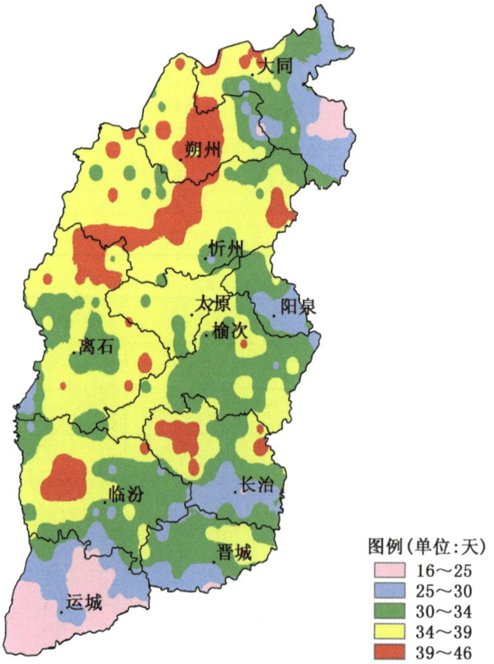

图 3.12 2016 年山西省雷暴日分布图

五、内蒙古自治区

2016 年内蒙古自治区共发生闪电 314 478 次，其中正闪 43 064 次，负闪 271 414 次。每月雷电次数见表 3.5 和图 3.13。1—3 月只有零星雷电活动，4 月雷电活动开始增多，6—9 月是雷电高发期，其中 7 月雷电活动最多，10 月雷电活动减少，11 月和 12 月有少量雷电活动。

内蒙古自治区雷电密度分布如图 3.14 所示，高密度区域集中在呼和浩特、包头、集宁和东胜部分地区，海拉尔和通辽也有零散分布，最高雷电密度为 11.75 次/(平方千米·年)，与 2015 年持平。内蒙古自治区雷暴日分布如图 3.15 所示，年雷暴日数最高为 43 天，比 2015 年增加 5 天，雷暴月数为 12 个月。

表 3.5　2016 年内蒙古自治区月雷电数统计表(单位:次)

月份	总闪数	正闪数	负闪数
1	2	0	2
2	4	0	4
3	36	15	21
4	1401	405	996
5	4166	2031	2135
6	68945	17659	51286
7	85158	10147	75011
8	66944	3673	63271
9	82585	8522	74063
10	5185	602	4583
11	45	9	36
12	7	1	6
合计	314478	43064	271414

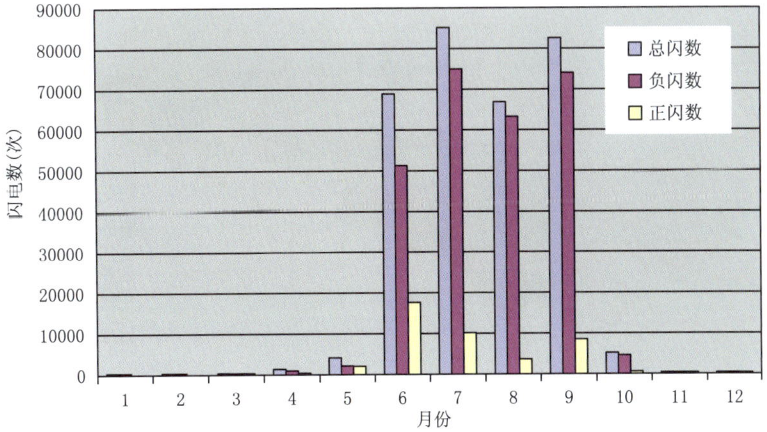

图 3.13　2016 年内蒙古自治区月雷电数统计直方图

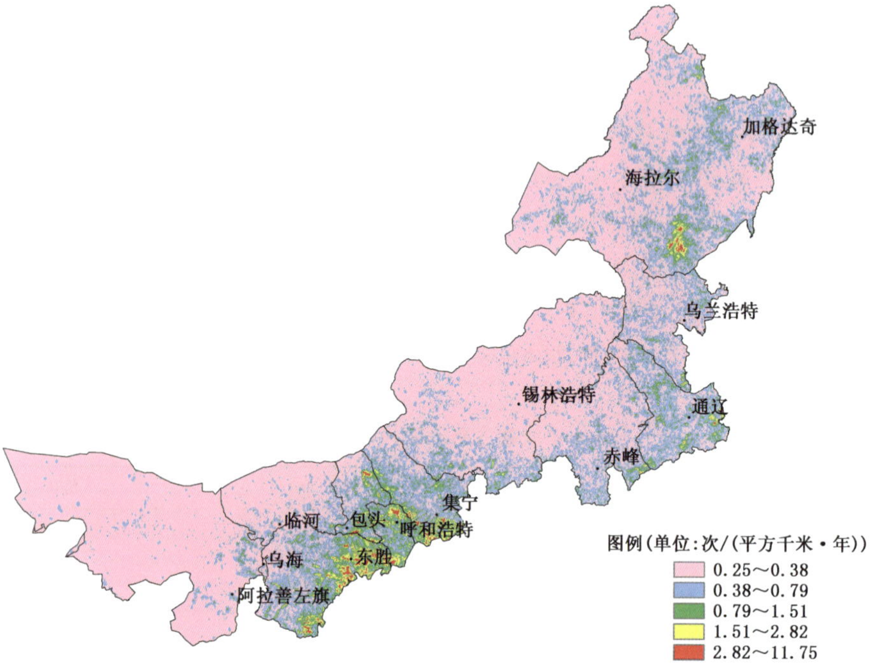

图 3.14　2016 年内蒙古自治区雷电密度分布图

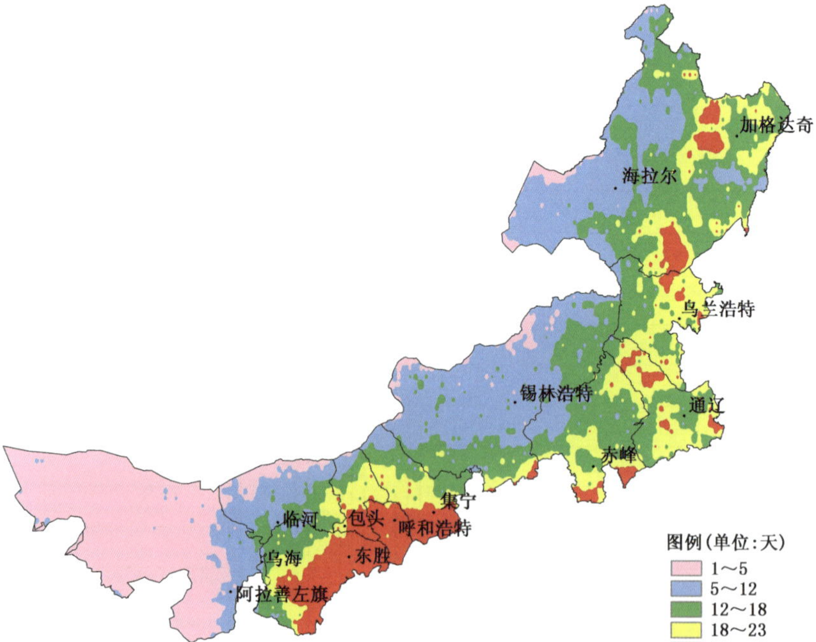

图 3.15　2016 年内蒙古自治区雷暴日分布图

六、辽宁省

2016年辽宁省共发生闪电87 758次,其中正闪12 645次,负闪75 113次,每月雷电次数见表3.6和图3.16。1月无雷电活动,2月开始有少量雷电活动,4月雷电活动逐渐增多,6—9月为雷电高发期,其中,9月雷电活动最为频繁,10月雷电活动骤然减少。11月和12月有少量雷电活动。

辽宁省雷电密度分布如图3.17所示,高密度区域分布在铁岭、抚顺、锦州和辽阳等部分地区,最高雷电密度为8.0次/(平方千米·年),比2015年减少2.5次/(平方千米·年)。辽宁省雷暴日分布如图3.18所示,年雷暴日数最高为34天,比2015年减少了8天,雷暴月数为11个月。

表3.6　2016年辽宁省月雷电数统计表(单位:次)

月份	总闪数	正闪数	负闪数
1	0	0	0
2	6	2	4
3	40	21	19
4	869	606	263
5	1206	520	686
6	14167	7124	7043
7	18505	1630	16875
8	21002	545	20457
9	29965	1694	28271
10	1956	469	1487
11	35	29	6
12	7	5	2
合计	87758	12645	75113

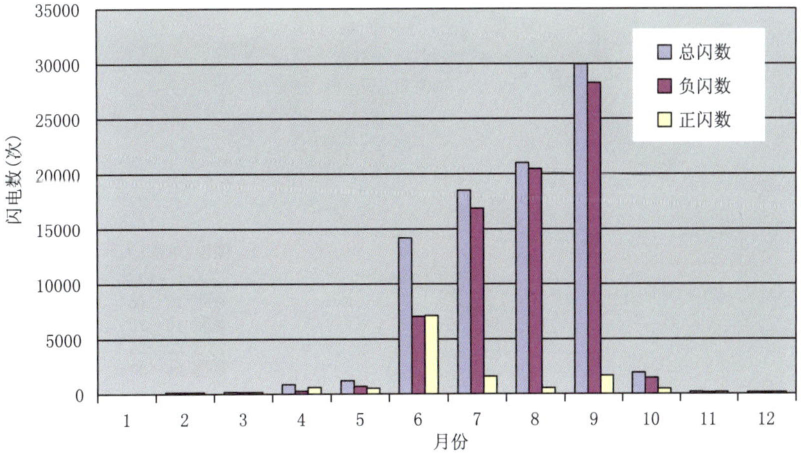

图3.16　2016年辽宁省月雷电数统计直方图

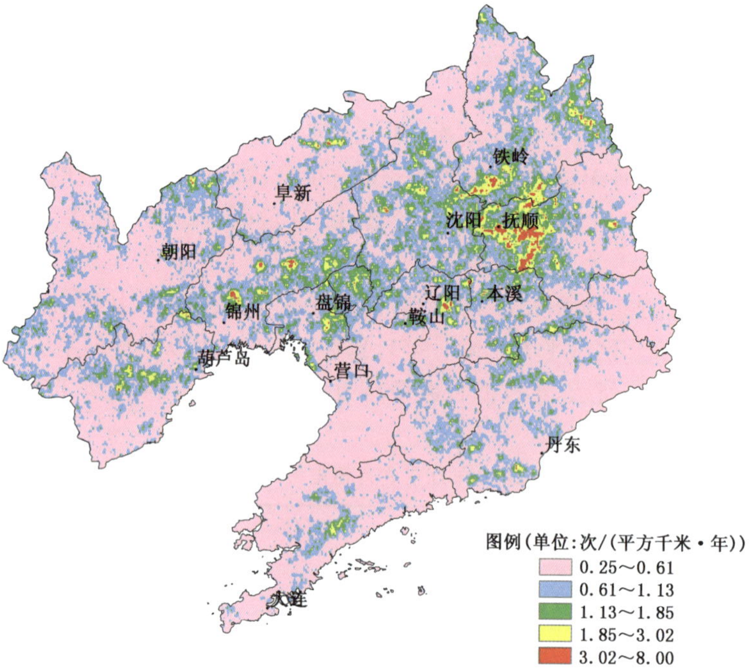

图 3.17　2016 年辽宁省雷电密度分布图

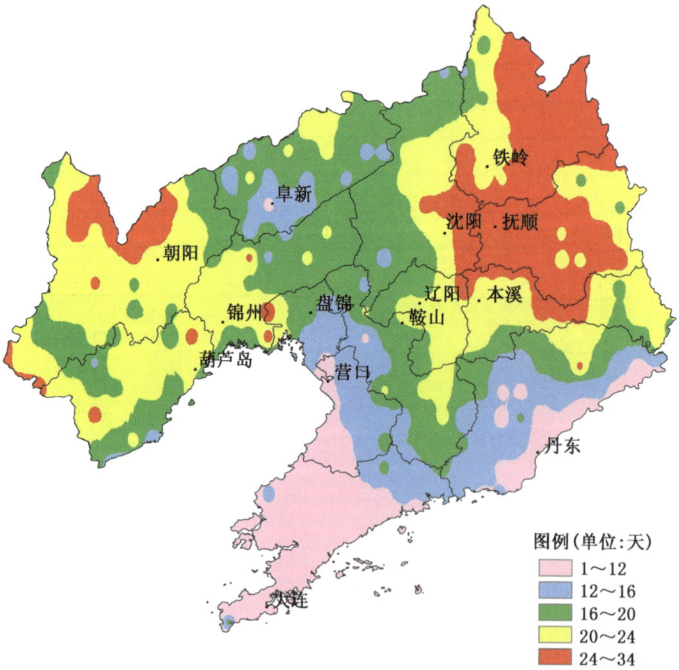

图 3.18　2016 年辽宁省雷暴日分布图

七、吉林省

2016年吉林省共发生闪电89 998次，其中正闪13 357次，负闪76 641次，每月雷电次数见表3.7和图3.19。1—3月有少量雷电活动，4月雷电活动开始增多，5—10月为雷电高发期，其中，9月雷电活动次数最多，11—12月雷电明显减少。

吉林省雷电密度分布如图3.20所示，雷电密度东南部地区明显偏低。高密度区域分布在四平、吉林、白城和辽源等地区，最高雷电密度为6.25次/(平方千米·年)。吉林省雷暴日分布如图3.21所示，年雷暴日数最高为40天，比2015年减少了1天，雷暴月数为12个月。

表3.7　2016年吉林省月雷电数统计表(单位:次)

月份	总闪数	正闪数	负闪数
1	2	0	2
2	5	1	4
3	32	22	10
4	297	146	151
5	3391	1389	2002
6	18866	6225	12641
7	7538	757	6781
8	11346	647	10699
9	39737	3615	36122
10	8766	550	8216
11	8	5	3
12	10	0	10
合计	89998	13357	76641

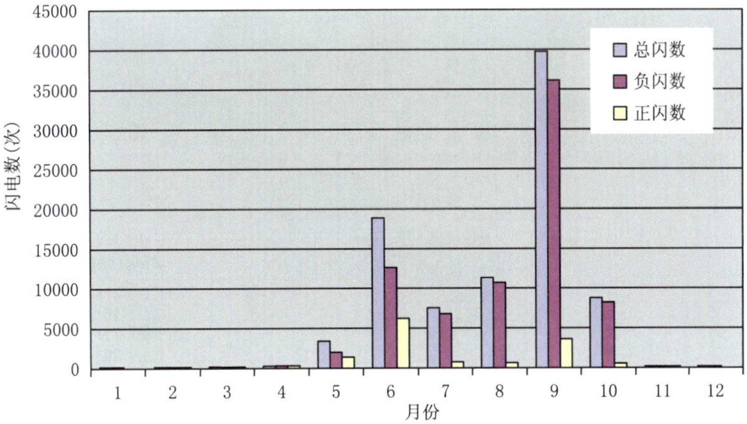

图3.19　2016年吉林省月雷电数统计直方图

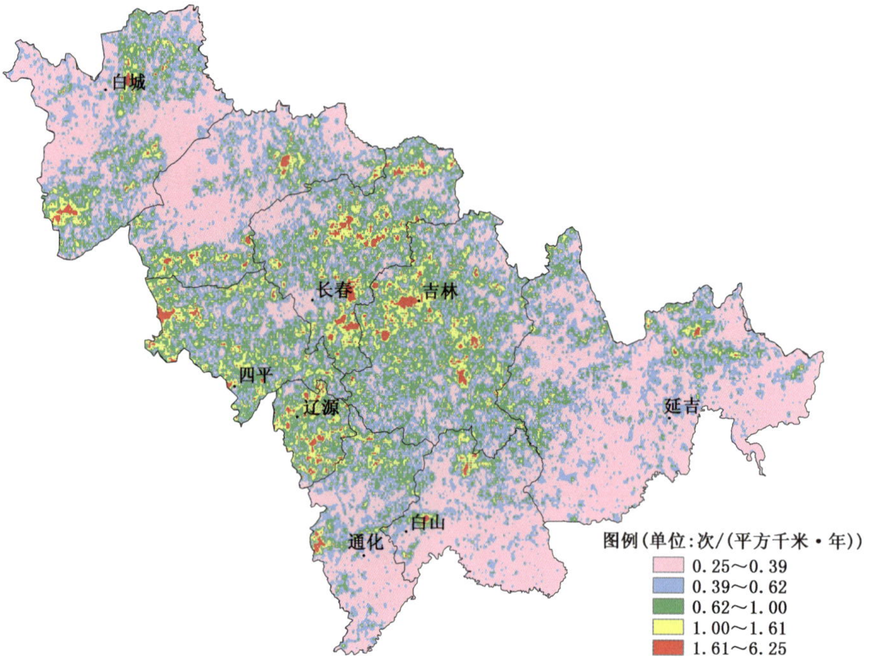

图 3.20　2016 年吉林省雷电密度分布图

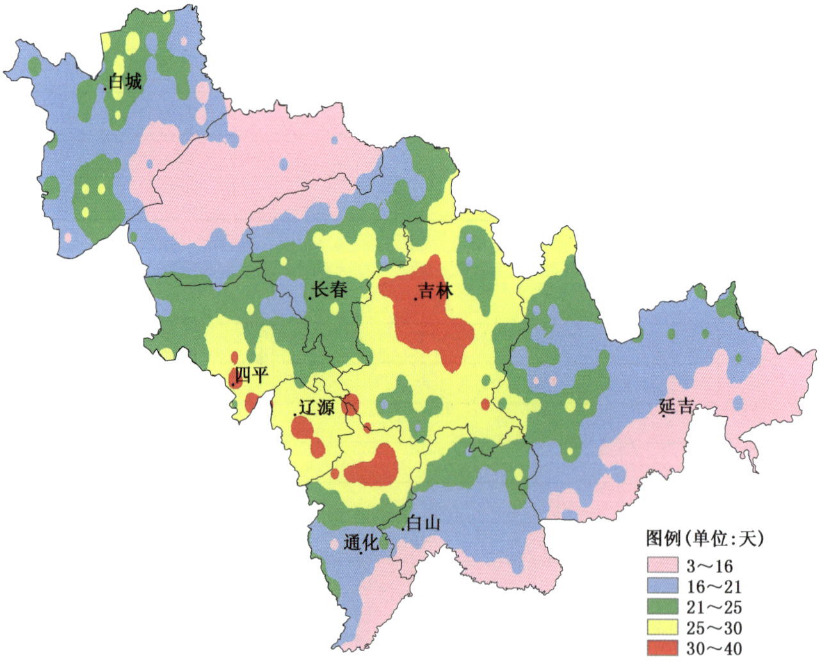

图 3.21　2016 年吉林省雷暴日分布图

八、黑龙江省

2016 年黑龙江省共发生闪电 161 592 次，其中正闪 27 234 次，负闪 134 358 次，每月雷电次数见表 3.8 和图 3.22。与 2015 年相比，总闪数减少了 54 301 次。4 月雷电活动逐渐增加，5—10 月是雷电高发期，其中 8 月雷电次数最多，11 月和 12 月仍有零星的雷电活动。

黑龙江省雷电密度分布如图 3.23 所示，最高雷电密度为 9.25 次/(平方千米·年)，最高雷电密度较 2015 年增加 2.0 次/(平方千米·年)，高密度区域集中在黑龙江省西北部和中南部地区。黑龙江省雷暴日分布如图 3.24 所示，年雷暴日数最高为 37 天，比 2015 年减少 7 天，雷暴月数为 12 个月。

表 3.8 2016 年黑龙江省月雷电数统计表(单位:次)

月份	总闪数	正闪数	负闪数
1	7	1	6
2	3	0	3
3	8	3	5
4	342	168	174
5	8253	2118	6135
6	30525	12071	18454
7	38550	5317	33233
8	42354	2797	39557
9	36481	3713	32768
10	5032	1035	3997
11	17	11	6
12	20	0	20
合计	161592	27234	134358

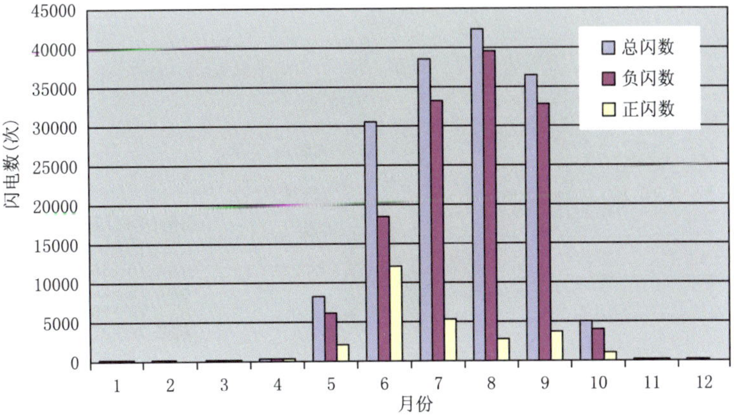

图 3.22 2016 年黑龙江省月雷电数统计直方图

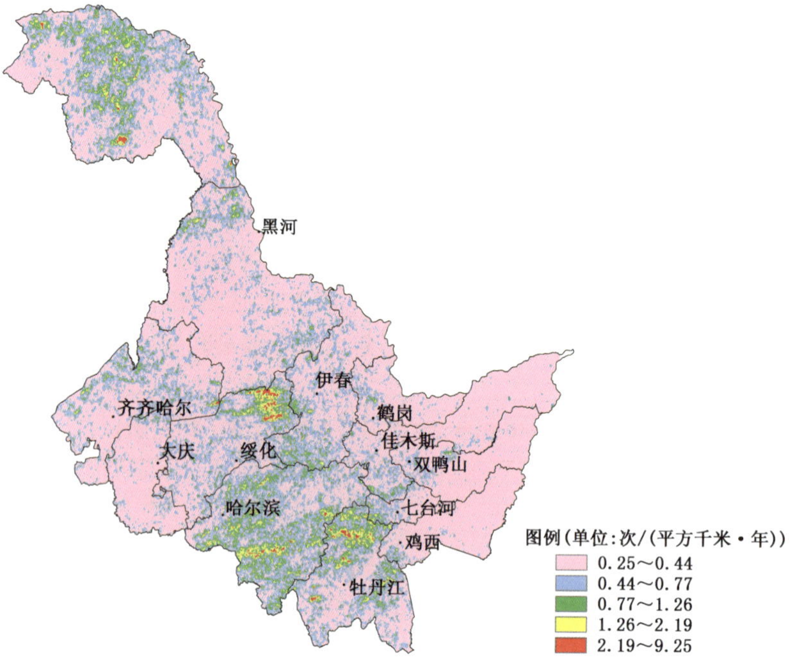

图 3.23　2016 年黑龙江省雷电密度分布图

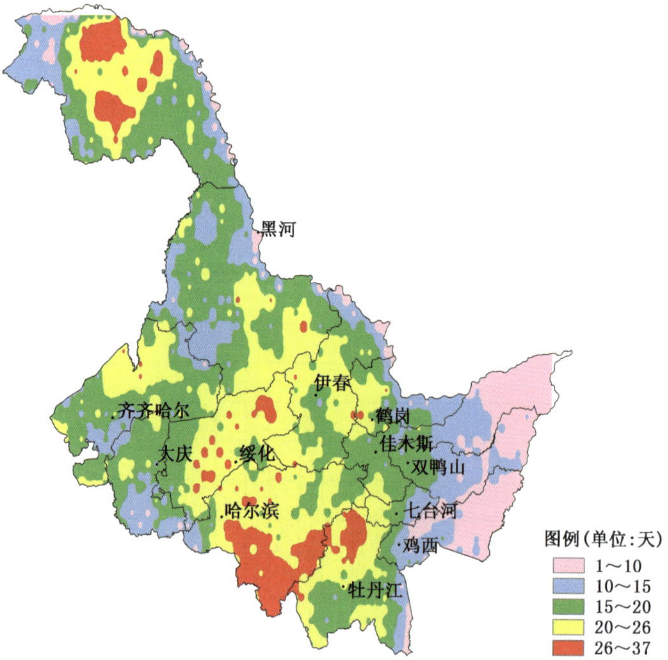

图 3.24　2016 年黑龙江省雷暴日分布图

九、上海市

2016 年上海市共发生闪电 10 157 次，其中正闪 494 次，负闪 9 663 次，每月雷电次数见表 3.9 和图 3.25。1 月无雷电活动，6—8 月是雷电高发期，其中 7 月雷电活动次数最多。

上海市雷电密度分布如图 3.26 所示，最高雷电密度为 9.0 次/(平方千米·年)，明显高于 2015 年，分布趋势也不相同。高密度区域分布在闵行区东部、市辖区与宝山区交界、浦东新区北部以及崇明岛。上海市雷暴日分布如图 3.27 所示，年雷暴日数最高为 35 天，雷暴月数为 11 个月。

表 3.9　2016 年上海市月雷电数统计表(单位:次)

月份	总闪数	正闪数	负闪数
1	0	0	0
2	1	0	1
3	43	28	15
4	553	51	502
5	160	13	147
6	1678	119	1559
7	4190	217	3973
8	3109	55	3054
9	311	2	309
10	97	7	90
11	8	2	6
12	7	0	7
合计	10157	494	9663

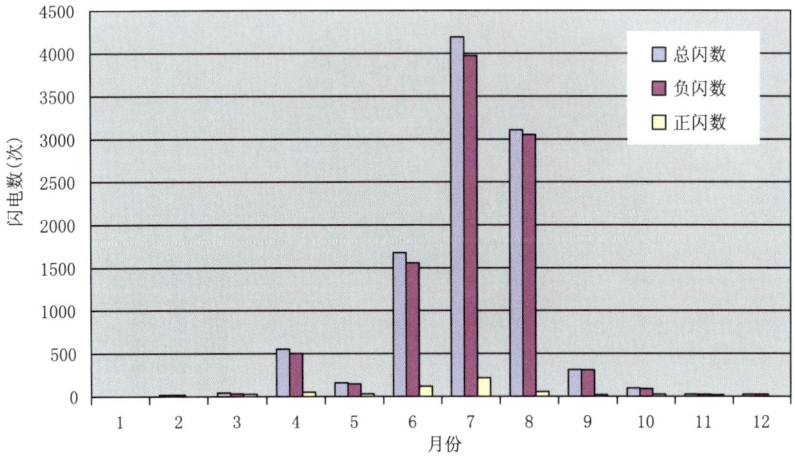

图 3.25　2016 年上海市月雷电数统计直方图

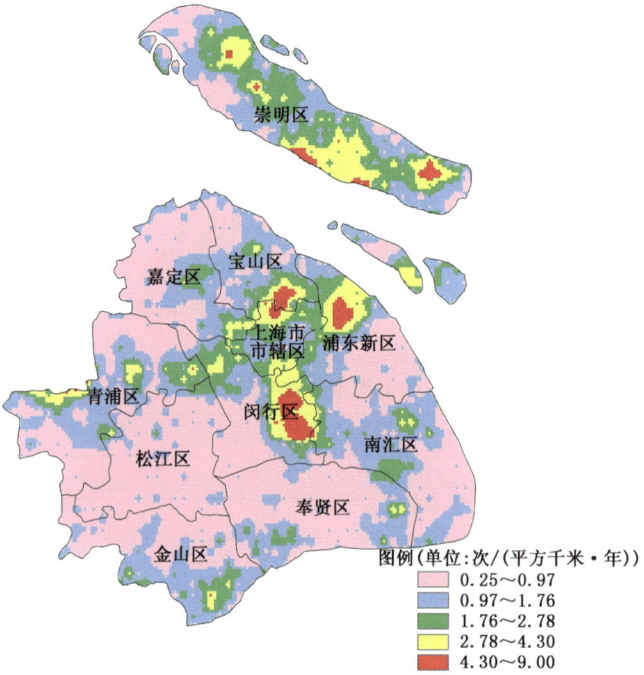

图 3.26　2016 年上海市雷电密度分布图

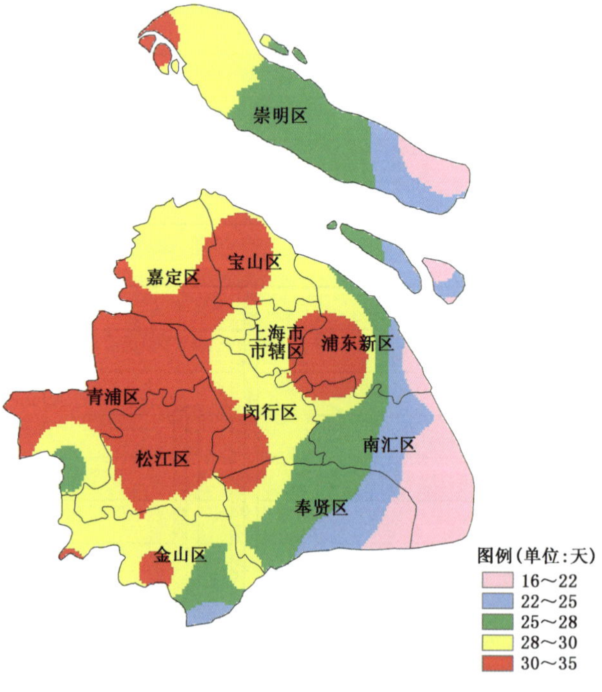

图 3.27　2016 年上海市雷暴日分布图

十、江苏省

2016年江苏省共发生闪电133 371次,其中正闪9 735次,负闪123 636次,每月雷电次数见表3.10和图3.28。1月只有1次雷电活动,2月雷电活动增多,3月又有所减少,6—8月是雷电高发期,9—12月有少量雷电活动。其中,6月雷电活动次数最多,有57 738次。

江苏省雷电密度分布如图3.29所示,高密度区域集中在南京、镇江、常州、无锡以及苏州和连云港的部分地区,最高雷电密度为25.15次/(平方千米·年),较2015年增加9.65次/(平方千米·年)。江苏省雷暴日分布如图3.30所示,年雷暴日数最高为40天,雷暴月数为12个月。

表3.10　2016年江苏省月雷电数统计表(单位:次)

月份	总闪数	正闪数	负闪数
1	1	0	1
2	929	421	508
3	42	17	25
4	3929	501	3428
5	2458	346	2112
6	57738	3422	54316
7	37672	3191	34481
8	28744	1600	27144
9	774	126	648
10	433	45	388
11	616	56	560
12	35	10	25
合计	133371	9735	123636

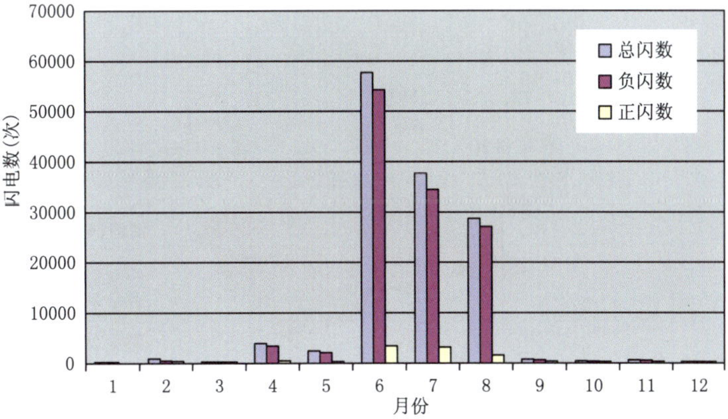

图3.28　2016年江苏省月雷电数统计直方图

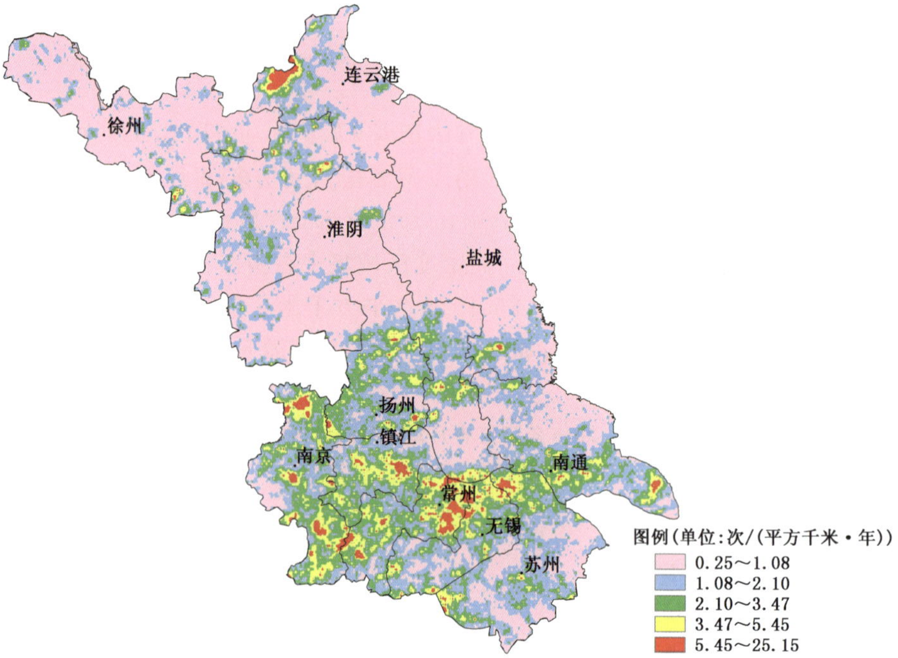

图 3.29 2016 年江苏省雷电密度分布图

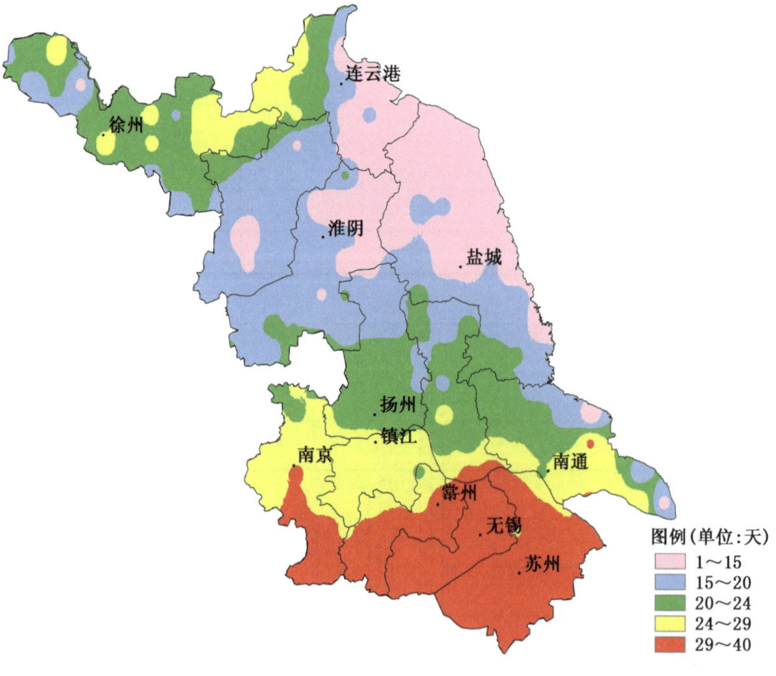

图 3.30 2016 年江苏省雷暴日分布图

十一、浙江省

2016 年浙江省共发生闪电 308 972 次,其中正闪 19 872 次,负闪 289 100 次,每月雷电次数见表 3.11 和图 3.31。1—2 月只有零星雷电活动,3 月雷电活动开始增加,4—8 月是雷电高发期,其中,7 月雷电活动次数最多,9 月雷电活动骤然减少,10 月雷电活动再次增加,11 月雷电活动再次骤减,12 月再次增加。

浙江省雷电密度分布如图 3.32 所示,高密度区域分布在全省各地区,主要集中区域有金华、温州、临海、宁波、丽水和衢州等地,最高雷电密度为 26.25 次/(平方千米·年)。浙江省雷暴日分布如图 3.33 所示,年雷暴日数最高为 66 天,较 2015 年增加了 6 天,雷暴月数为 12 个月。

表 3.11 2016 年浙江省月雷电数统计表(单位:次)

月份	总闪数	正闪数	负闪数
1	2	1	1
2	24	13	11
3	1914	316	1598
4	9390	2652	6738
5	45245	4210	41035
6	78309	4923	73386
7	107486	4000	103486
8	58768	3227	55541
9	1128	137	991
10	4254	124	4130
11	22	11	11
12	2430	258	2172
合计	308972	19872	289100

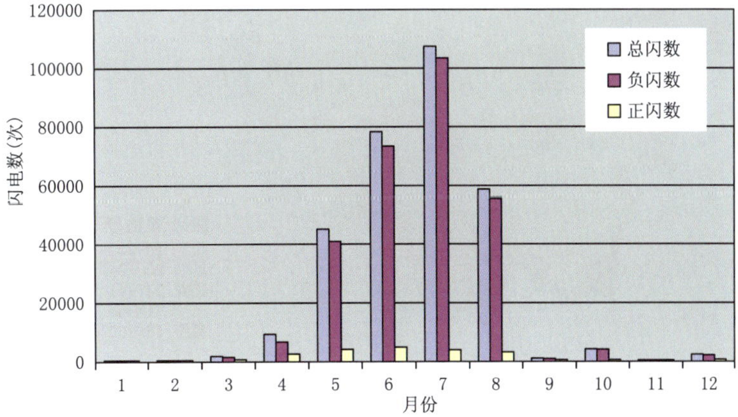

图 3.31 2016 年浙江省月雷电数统计直方图

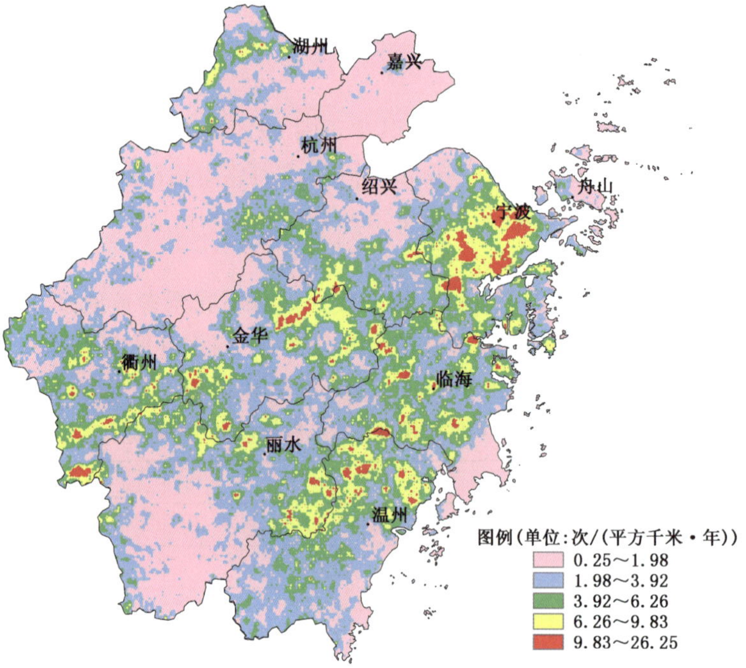

图 3.32　2016 年浙江省雷电密度分布图

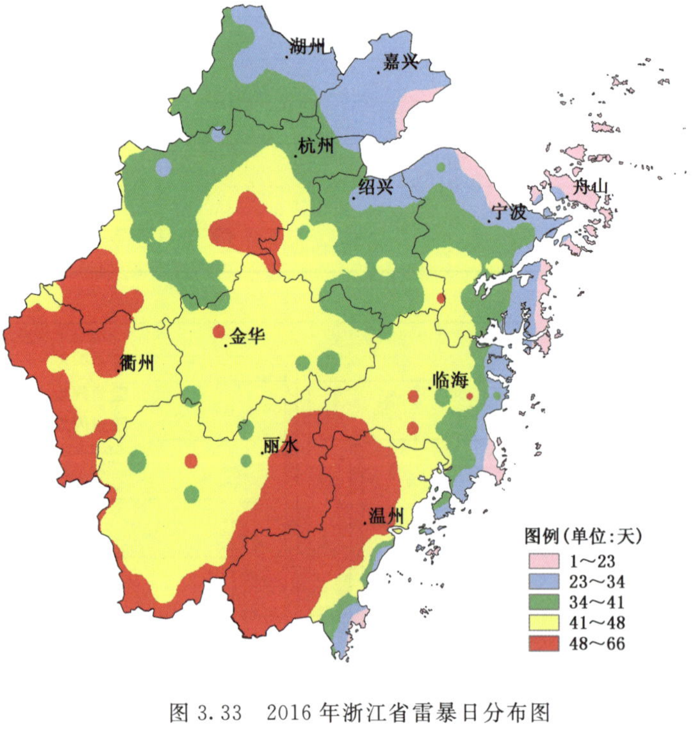

图 3.33　2016 年浙江省雷暴日分布图

十二、安徽省

2016 年安徽省共发生闪电 204 601 次，其中正闪 14 015 次，负闪 190 586 次，每月雷电次数见表 3.12 和图 3.34。1 月开始有少量雷电活动，4—8 月是雷电高发期，其中，6 月雷电活动次数最多，9—11 月有少量雷电活动，12 月仅有 6 次雷电活动。

安徽省雷电密度分布如图 3.35 所示，高密度区域分布在安徽省南部，而中西部和西北部地区雷电密度较低，高密度区集中在铜陵、安庆、池州、马鞍山和黄山等地区，最高雷电密度为 18.5 次/(平方千米·年)，较 2015 年增加 3.0 次/(平方千米·年)。安徽省雷暴日分布如图 3.36 所示，年雷暴日数最高为 55 天，比 2015 年增加 1 天，雷暴月数为 12 个月。

表 3.12　2016 年安徽省月雷电数统计表(单位:次)

月份	总闪数	正闪数	负闪数
1	5	0	5
2	2782	925	1857
3	639	256	383
4	20188	2834	17354
5	17078	2148	14930
6	62245	3520	58725
7	48770	2181	46589
8	51877	1880	49997
9	436	84	352
10	265	68	197
11	310	118	192
12	6	1	5
总数	204601	14015	190586

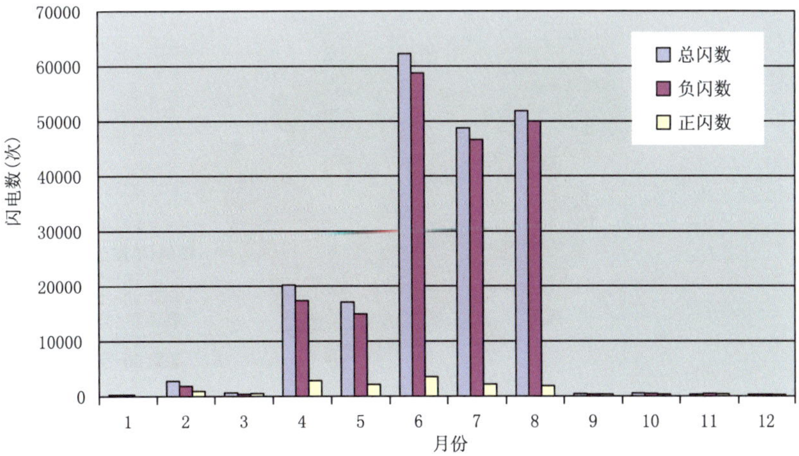

图 3.34　2016 年安徽省月雷电数统计直方图

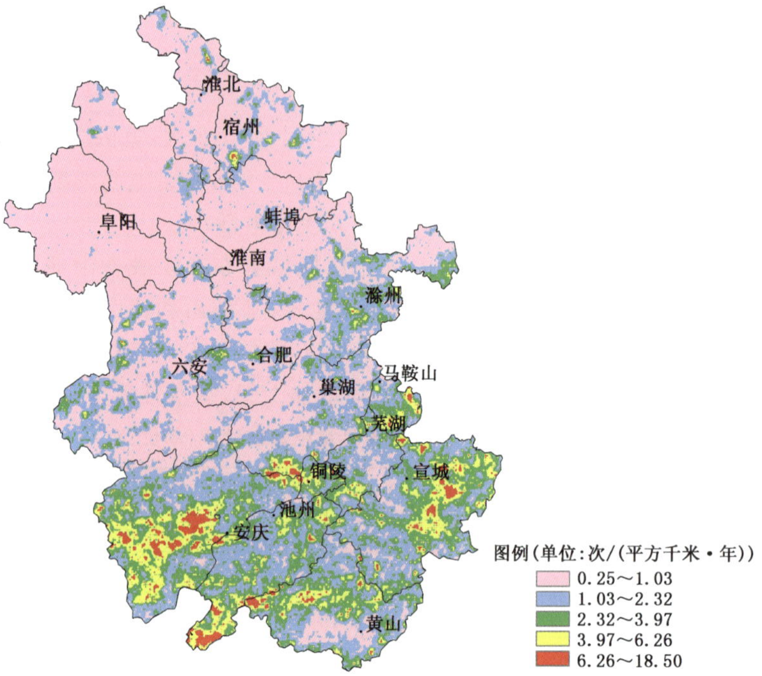

图 3.35　2016 年安徽省雷电密度分布图

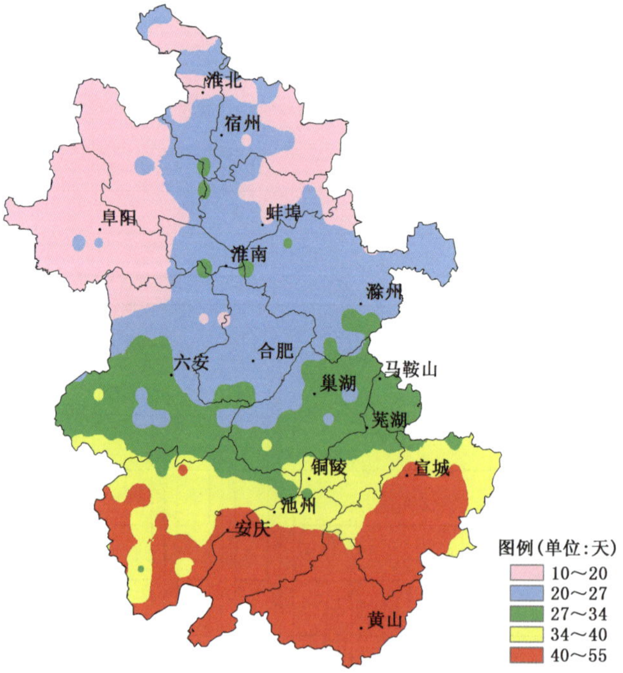

图 3.36　2016 年安徽省雷暴日分布图

十三、福建省

2016 年福建省共发生闪电 522 150 次，其中正闪 26 985 次，负闪 495 165 次，每月雷电次数见表 3.13 和图 3.37。1 月开始有雷电活动，3—9 月是雷电高发期，其中，6 月雷电活动次数最多，10 月雷电活动明显减少，11 月和 12 月有少量雷电活动。

福建省雷电密度分布如图 3.38 所示，高密度区域集中在泉州、莆田的大部、福州的西部以及龙岩和漳州的西南部等地区，最高雷电密度为 32.25 次/(平方千米·年)，较 2015 年减少 9.75 次/(平方千米·年)。福建省雷暴日分布如图 3.39 所示，年雷暴日数最高为 135 天，较 2015 年增加 64 天，雷暴月数为 12 个月。

表 3.13　2016 年福建省月雷电数统计表(单位:次)

月份	总闪数	正闪数	负闪数
1	124	57	67
2	8	7	1
3	11687	2248	9439
4	36669	6177	30492
5	77733	4546	73187
6	143826	5261	138565
7	122989	3257	119732
8	96209	3270	92939
9	27515	1226	26289
10	4361	423	3938
11	636	355	281
12	393	158	235
合计	522150	26985	495165

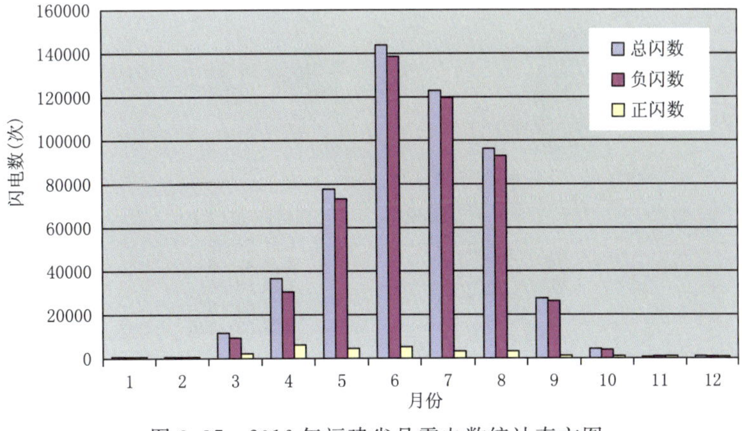

图 3.37　2016 年福建省月雷电数统计直方图

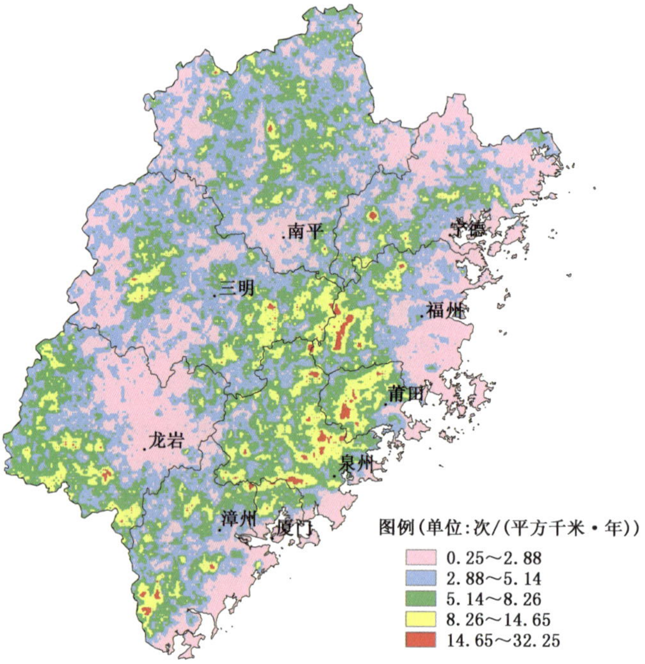

图 3.38　2016 年福建省雷电密度分布图

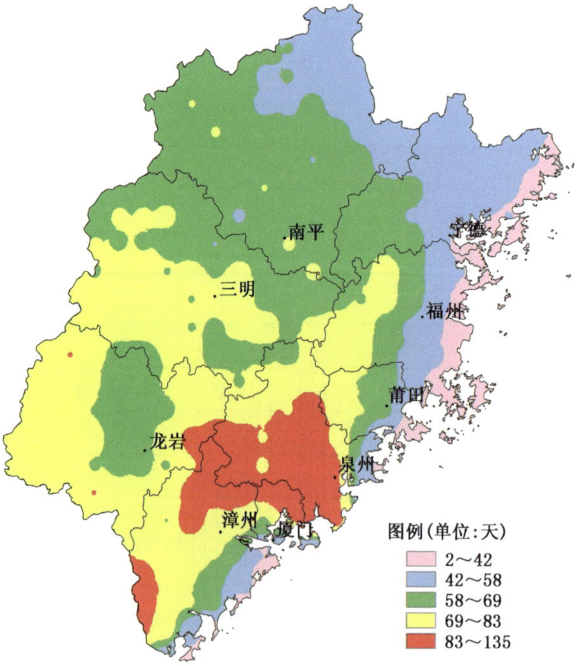

图 3.39　2016 年福建省雷暴日分布图

十四、江西省

2016 年江西省共发生闪电 580 016,其中正闪 29 378 次,负闪 550 638 次,每月雷电发生次数见表 3.14 和图 3.40。1 月开始有雷电活动,3—8 月为雷电高发期,其中,6 月雷电活动最为频繁,9 月雷电活动骤然减少,11 月和 12 月只有少量雷电活动。

江西省雷电密度分布如图 3.41 所示,高密度区域集中在南昌西部、吉安西南部、景德镇、上饶和赣州等地。最高雷电密度为 28.25 次/(平方千米·年),较 2015 年增加 0.5 次/(平方千米·年)。江西省雷暴日分布如图 3.42 所示,年最高雷暴日数为 87 天,较 2015 年相比增加 16 天,雷暴月数为 12 个月。

表 3.14　2016 年江西省月雷电数统计表(单位:次)

月份	总闪数	正闪数	负闪数
1	127	79	48
2	823	409	414
3	19285	3390	15895
4	55999	6487	49512
5	99427	4929	94498
6	155557	5178	150379
7	116092	3247	112845
8	126879	5143	121736
9	3640	145	3495
10	1221	84	1137
11	678	205	473
12	288	82	206
合计	580016	29378	550638

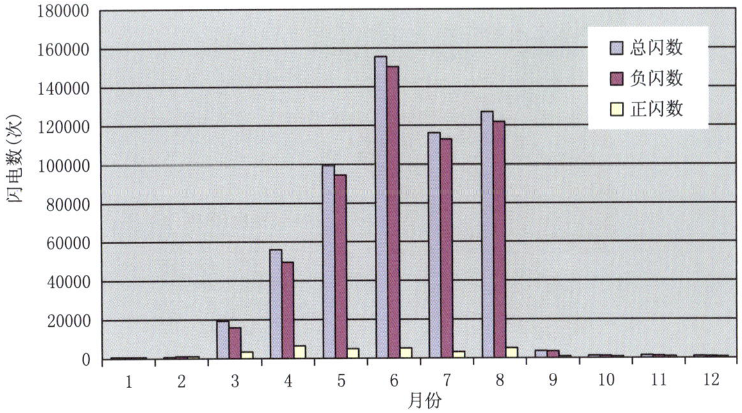

图 3.40　2016 年江西省月雷电数统计直方图

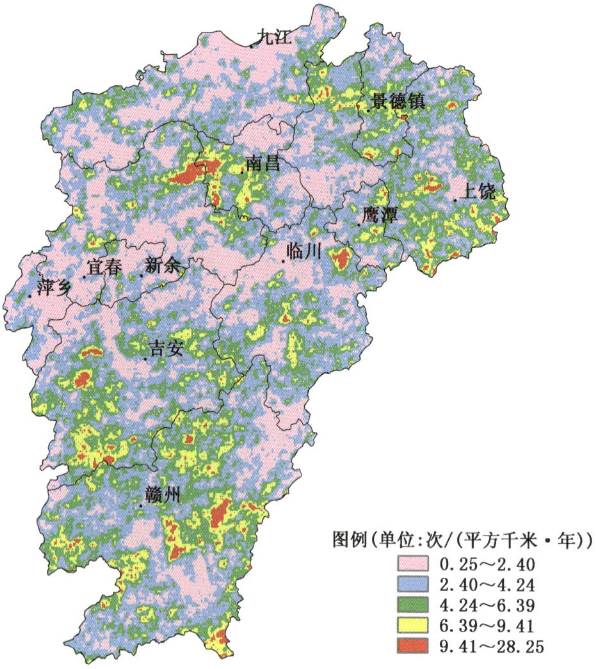

图 3.41　2016 年江西省雷电密度分布图

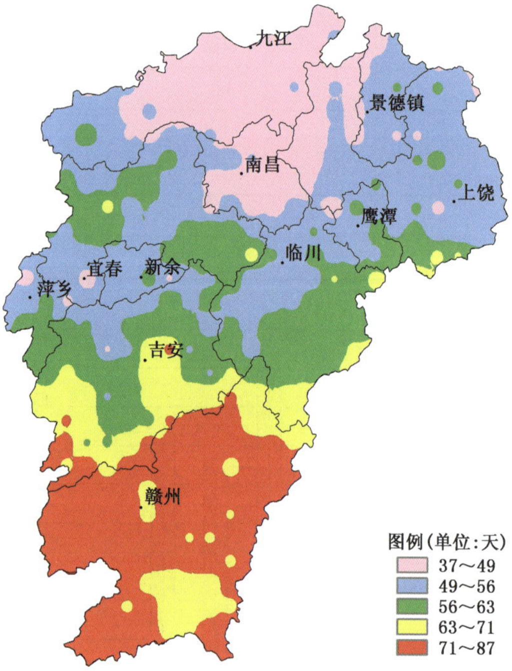

图 3.42　2016 年江西省雷暴日分布图

十五、山东省

2016 年山东省共发生闪电 136 333 次，其中正闪 15 320 次，负闪 121 013 次，每月雷电次数见表 3.15 和图 3.43。1 月无雷电活动，2 月有少量雷电活动，3—4 月雷电活动逐渐增多，5—9 月是雷电高发期，其中，8 月雷电活动次数最多，10 月以后雷电活动骤然减少。

山东省雷电密度分布如图 3.44 所示，中西部地区雷电密度明显高于东部地区。高密度区域分布在济南、临沂、枣庄、泰安、东营和淄博等地区，最高雷电密度为 16.50 次/(平方千米·年)，与 2015 年基本持平。山东省雷暴日分布如图 3.45 所示，年雷暴日数最高为 30 天，雷暴月数为 11 个月。

表 3.15　2016 年山东省月雷电数统计表(单位:次)

月份	总闪数	正闪数	负闪数
1	0	0	0
2	88	30	58
3	922	221	701
4	1225	751	474
5	5005	273	4732
6	20101	6303	13798
7	32430	3014	29416
8	59682	2654	57028
9	16860	2063	14797
10	14	6	8
11	3	3	0
12	3	2	1
合计	136333	15320	121013

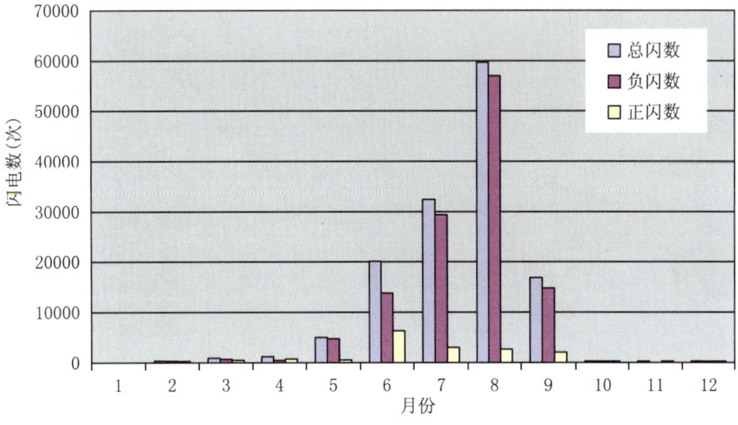

图 3.43　2016 年山东省月雷电数统计直方图

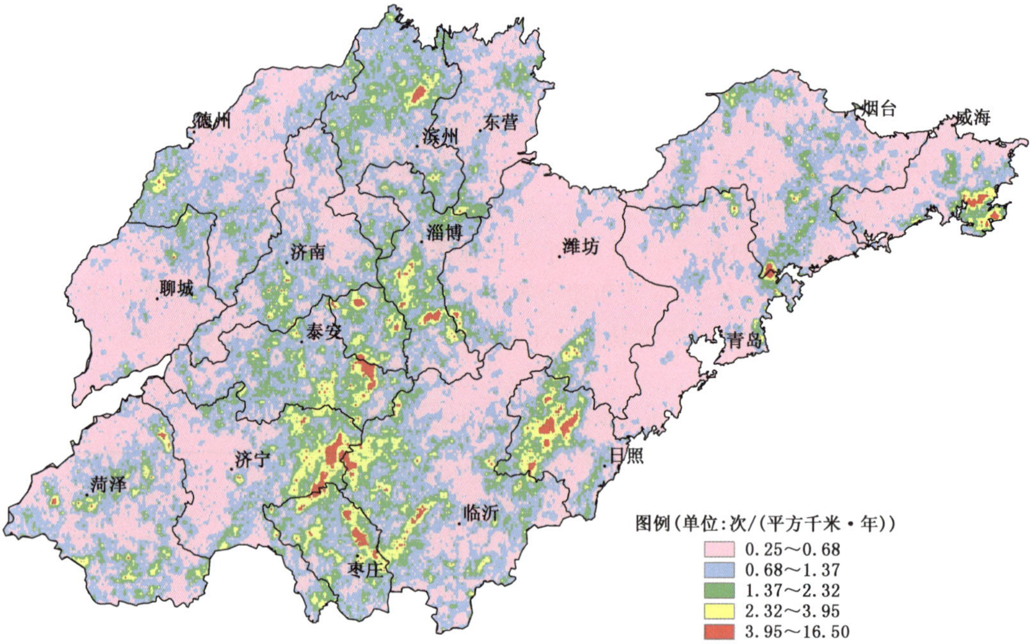

图 3.44　2016 年山东省雷电密度分布图

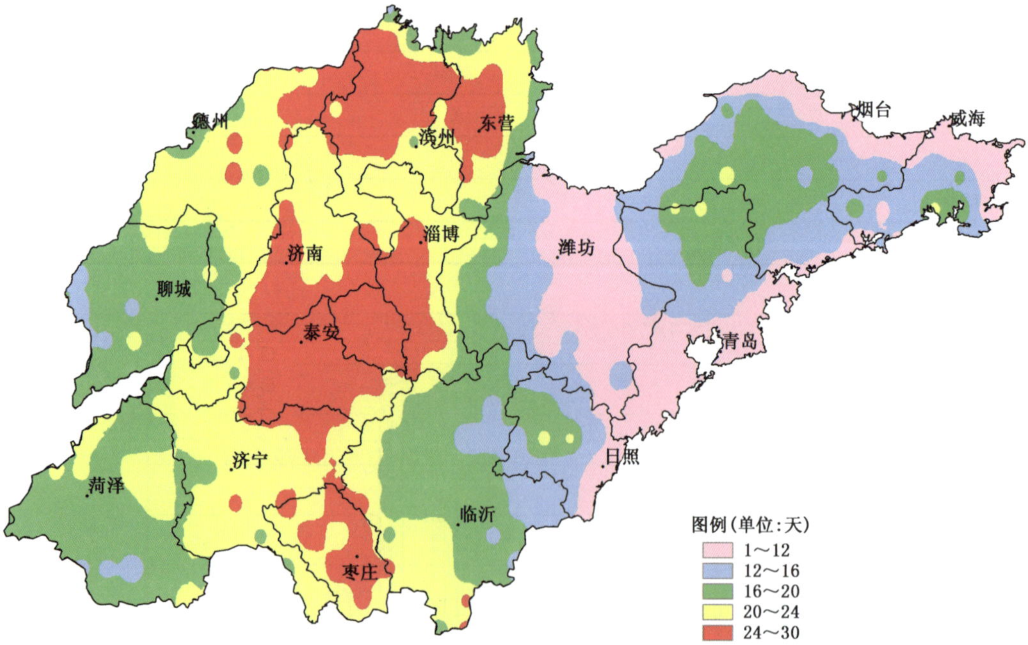

图 3.45　2016 年山东省雷暴日分布图

十六、河南省

2016 年河南省共发生闪电 108 927 次，其中正闪 13 164 次，负闪 95 763 次。每月雷电次数见表 3.16 和图 3.46。1 月无雷电活动，2 月开始有少量雷电活动，4—9 月为雷电高发期，其中，6 月雷电活动次数最多，9 月雷电活动开始减少，10—11 月雷电活动急剧减少，12 月无雷电活动。

河南省雷电密度分布如图 3.47 所示，高密度区域分布在三门峡、洛阳和南阳交界地区，驻马店南部地区和信阳部分地区。最高雷电密度为 16.25 次/(平方千米·年)，较 2015 年增加 2.0 次/(平方千米·年)。河南省雷暴日分布如图 3.48 所示，年雷暴日数最高为 36 天，较 2015 年增加 1 天，雷暴月数为 10 个月。

表 3.16　2016 年河南省月雷电数统计表(单位:次)

月份	总闪数	正闪数	负闪数
1	0	0	0
2	811	179	632
3	179	82	97
4	3030	738	2292
5	2772	363	2409
6	33381	4598	28783
7	33329	4241	29088
8	31803	2492	29311
9	3185	377	2808
10	416	87	329
11	21	7	14
12	0	0	0
合计	108927	13164	95763

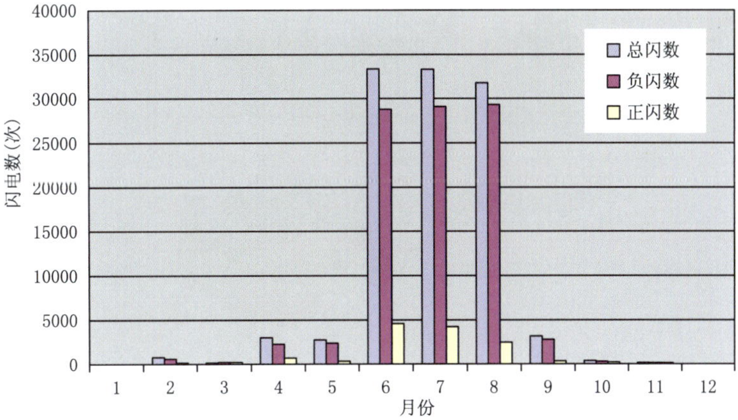

图 3.46　2016 年河南省月雷电数统计直方图

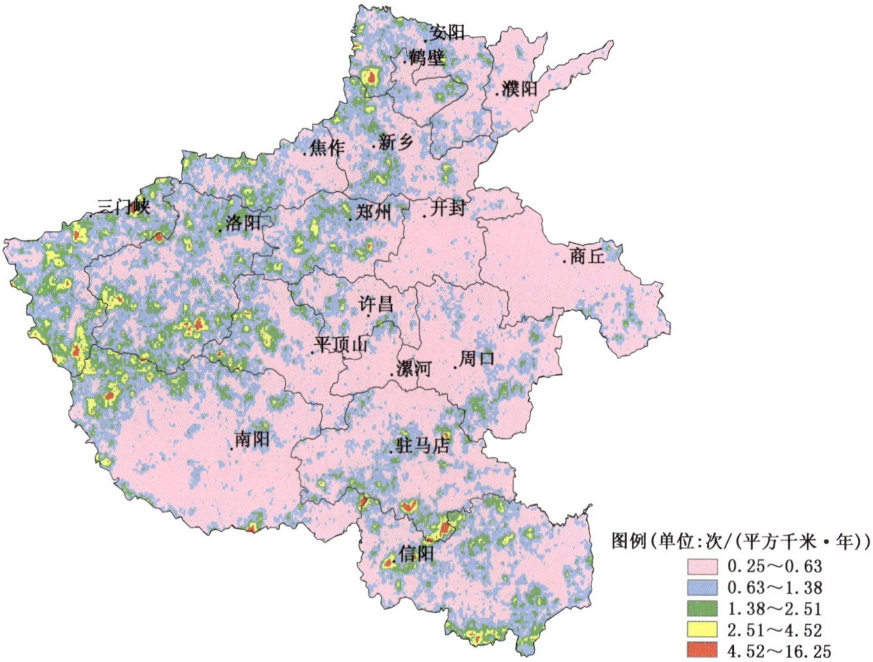

图 3.47　2016 年河南省雷电密度分布图

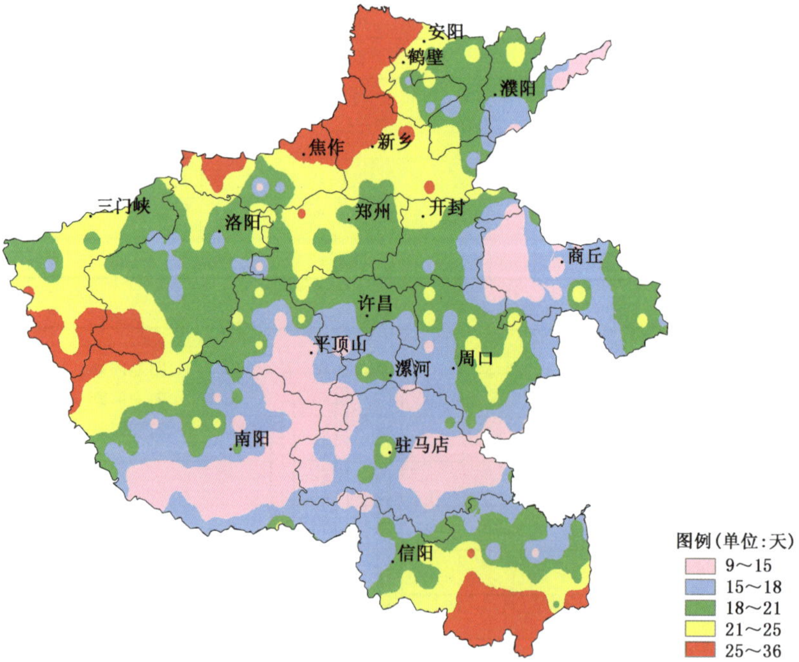

图 3.48　2016 年河南省雷暴日分布图

十七、湖北省

2016年湖北省共发生闪电293 955次，其中正闪26 172次，负闪267 783次，每月雷电次数见表3.17和图3.49。1月开始有少量雷电活动，2月雷电活动增多，4—8月是雷电高发期，其中，7月雷电活动次数最多，9月雷电活动开始减少，10月雷电活动再次增加，12月只有3次雷电活动。

湖北省雷电密度分布如图3.50所示，高密度区域集中在湖北的东南部，而低密度区域主要在北部地区。最高雷电密度为24.5次/(平方千米·年)，较2015年增加0.5次/(平方千米·年)。湖北省雷暴日分布如图3.51所示，年雷暴日数最高为55天，雷暴月数为12个月。

表3.17 2016年湖北省月雷电数统计表(单位:次)

月份	总闪数	正闪数	负闪数
1	16	6	10
2	1994	718	1276
3	3829	662	3167
4	52697	5472	47225
5	23666	2251	21415
6	47100	4545	42555
7	82086	7771	74315
8	79995	4310	75685
9	355	121	234
10	2192	310	1882
11	22	3	19
12	3	3	0
合计	293955	26172	267783

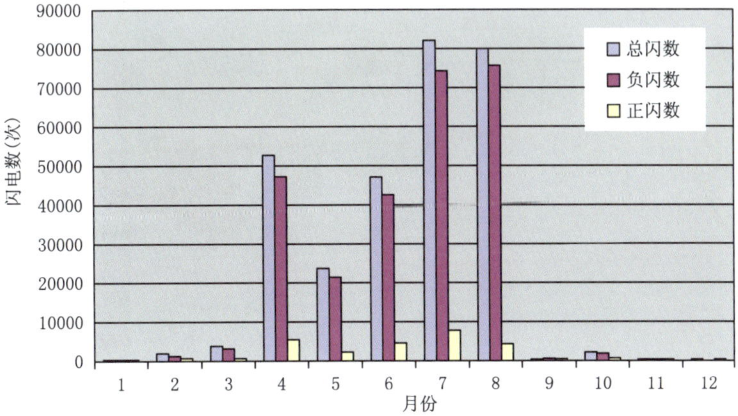

图3.49 2016年湖北省月雷电数统计直方图

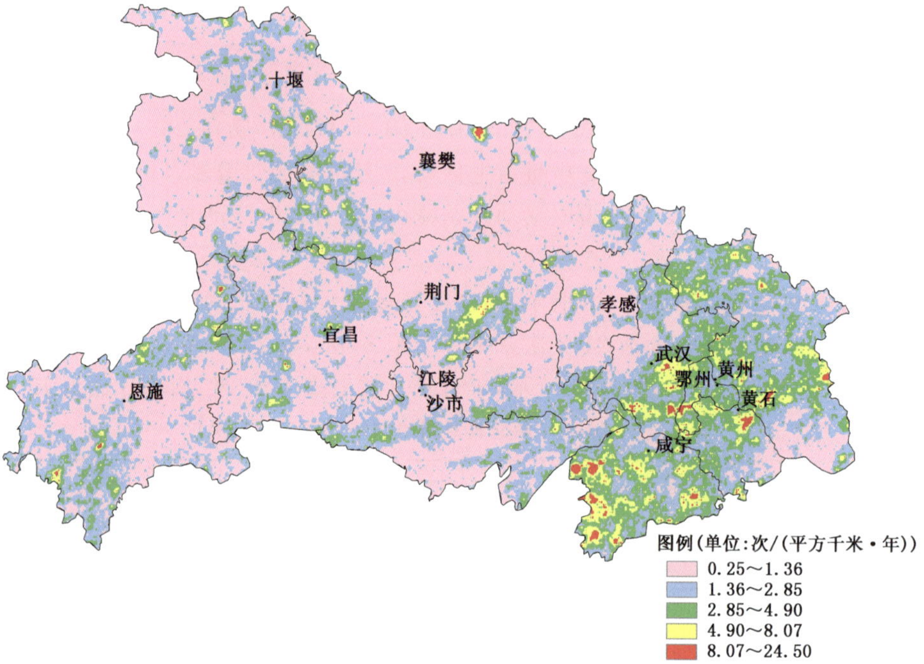

图 3.50　2016 年湖北省雷电密度分布图

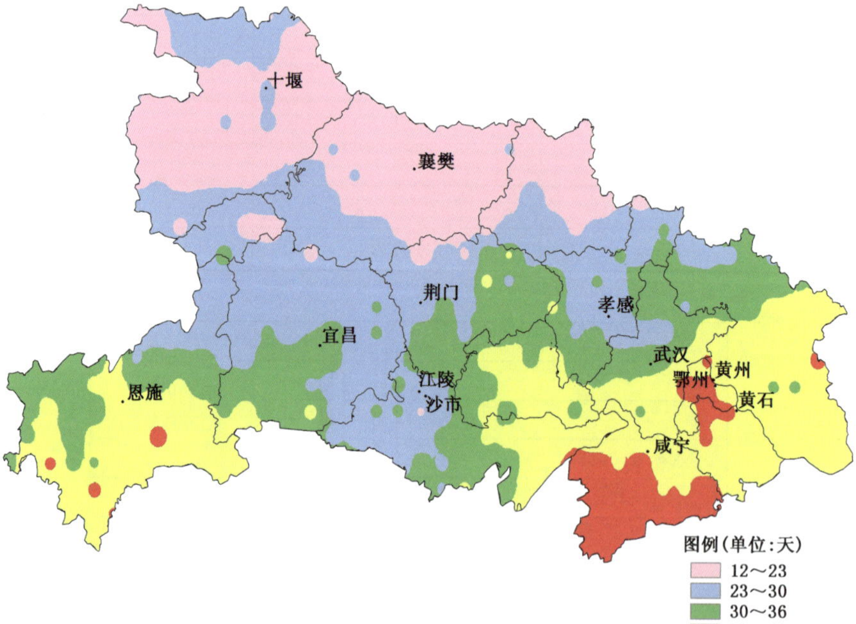

图 3.51　2016 年湖北省雷暴日分布图

十八、湖南省

2016 年湖南省共发生闪电 555 585 次，其中正闪 32 287 次，负闪 523 298 次。每月雷电次数见表 3.18 和图 3.52。1 月开始有少量雷电活动，3—8 月为雷电高发期，其中 8 月雷电活动次数最多，9—11 月雷电活动急剧减少，12 月有零星雷电活动。

湖南省雷电密度分布如图 3.53 所示，高密度区域分布在常德与怀化交界地区、益阳中部、娄底西部及永州等部分地区，最高雷电密度为 29.0 次/(平方千米·年)。湖南省雷暴日分布如图 3.54 所示，年雷暴日数最高为 79 天，较 2015 年增加了 18 天，雷暴月数为 12 个月。

表 3.18　2016 年湖南省月雷电数统计表(单位:次)

月份	总闪数	正闪数	负闪数
1	674	228	446
2	1049	340	709
3	40720	4133	36587
4	82036	7908	74128
5	60668	4191	56477
6	38076	2137	35939
7	118547	4031	114516
8	211268	8816	202452
9	896	203	693
10	1070	99	971
11	565	200	365
12	16	1	15
合计	555585	32287	523298

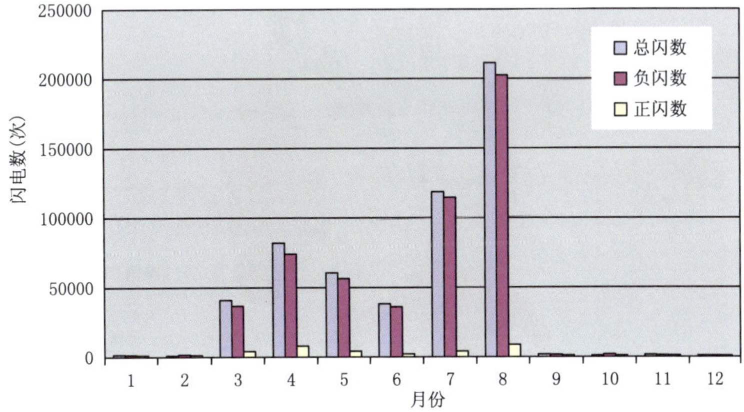

图 3.52　2016 年湖南省月雷电数统计直方图

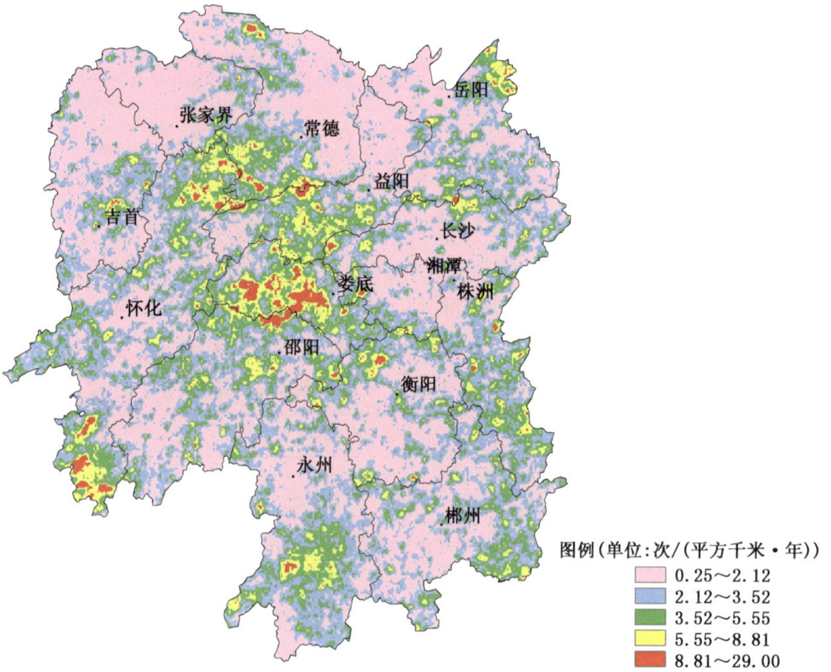

图 3.53　2016 年湖南省雷电密度分布图

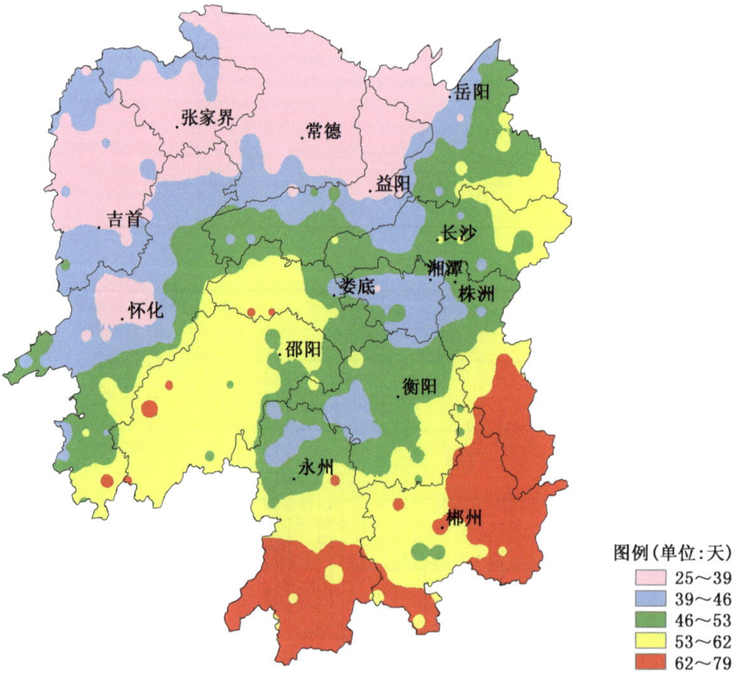

图 3.54　2016 年湖南省雷暴日分布图

十九、广东省

2016年广东省共发生闪电916 148次，其中正闪34 623次，负闪881 525次，每月雷电次数见表3.19和图3.55。1月开始有雷电活动，2月无雷电活动，3—9月是雷电高发期，其中，6月雷电活动次数最多，10月雷电活动开始减少，12月只有少量雷电活动。

广东省雷电密度分布如图3.56所示，高密度区域分布在广州、清远、肇庆和佛山等地区，茂名、梅州和汕尾部分地区雷电密度比较大。最高雷电密度为43.0次/(平方千米·年)，较2015年增加了2.0次/(平方千米·年)。广东省雷暴日分布如图3.57所示，年雷暴日数最高为106天，较2015年增加了24天，雷暴月数为11个月。

表3.19　2016年广东省月雷电数统计表(单位:次)

月份	总闪数	正闪数	负闪数
1	2616	941	1675
2	0	0	0
3	35171	3620	31551
4	88803	7428	81375
5	134848	4727	130121
6	247628	6377	241251
7	167152	3989	163163
8	168546	5293	163253
9	59583	1617	57966
10	7582	390	7192
11	4179	217	3962
12	40	24	16
合计	916148	34623	881525

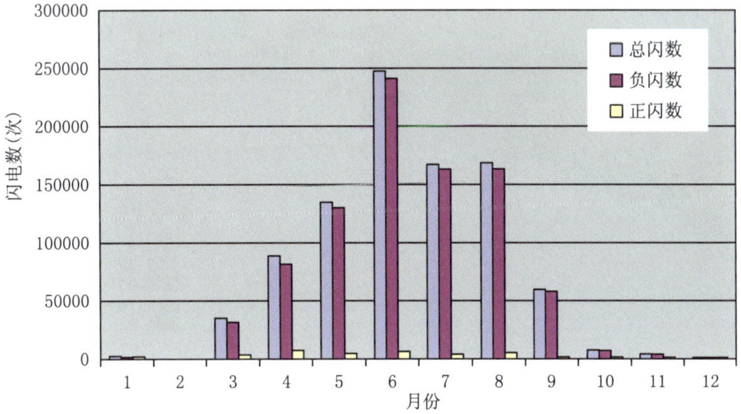

图3.55　2016年广东省月雷电数统计直方图

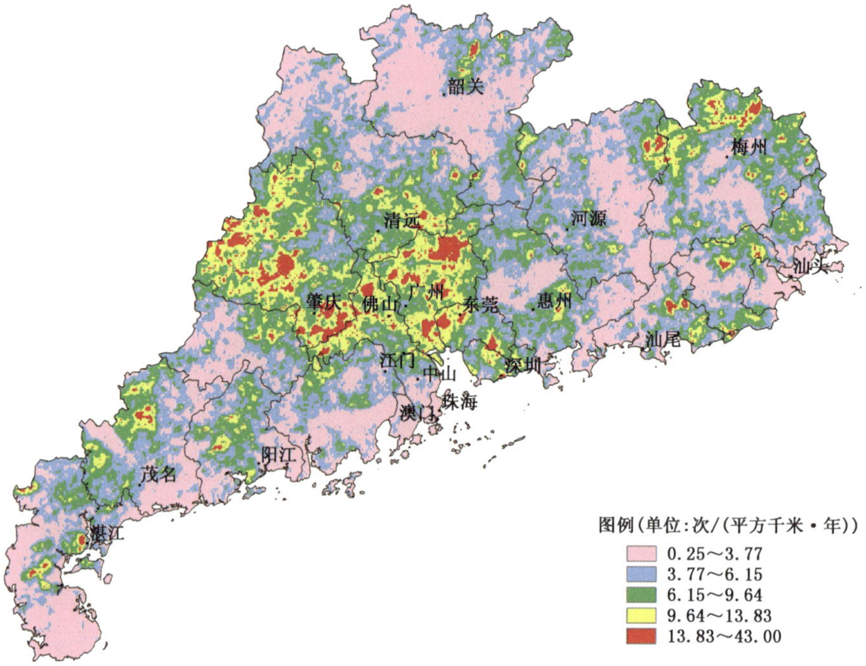

图 3.56　2016 年广东省雷电密度分布图

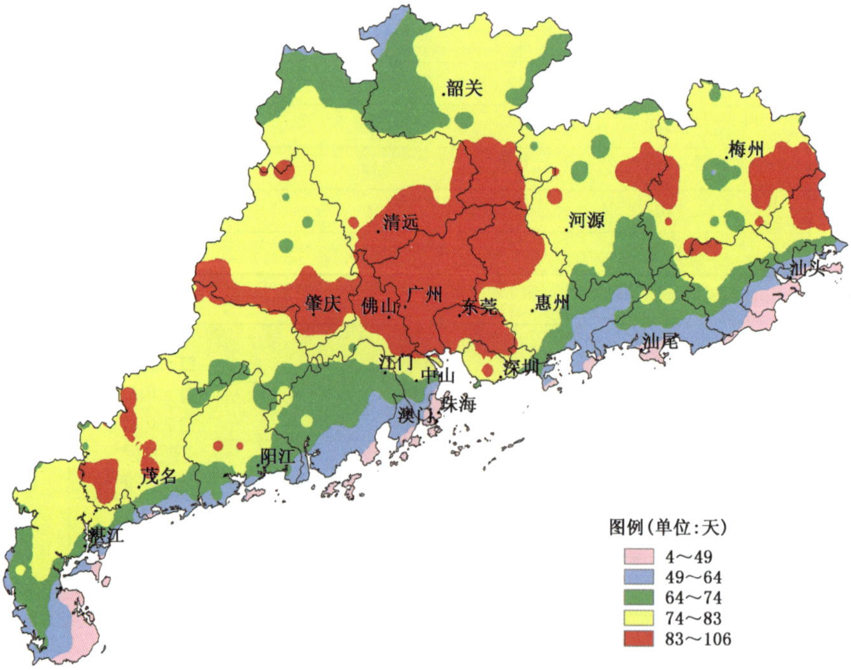

图 3.57　2016 年广东省雷暴日分布图

二十、广西壮族自治区

2016年广西壮族自治区共发生闪电836 975次，其中正闪45 406次，负闪791 569次，每月雷电次数见表3.20和图3.58。1月开始有雷电活动，2月雷电活动减少，3—10月是雷电高发期，11月雷电活动减少，12月只有少量雷电活动。其中，6月雷电活动次数最多，总闪数达到245 099次。全年雷电总数较2015年有所增加。

广西壮族自治区雷电密度分布如图3.59所示，高密度区域分布在梧州、玉林、钦州和南宁等地区。最高雷电密度为47.50次/(平方千米·年)，较2015年增加9.25次/(平方千米·年)。广西壮族自治区雷暴日分布如图3.60所示，年雷暴日数最高为92天，雷暴月数为12个月。

表3.20 2016年广西壮族自治区月雷电数统计表(单位:次)

月份	总闪数	正闪数	负闪数
1	1208	251	957
2	20	3	17
3	18406	1830	16576
4	84285	9362	74923
5	139401	8433	130968
6	245099	11672	233427
7	119792	3959	115833
8	174180	7095	167085
9	39477	2284	37193
10	11442	372	11070
11	3650	130	3520
12	15	15	0
合计	836975	45406	791569

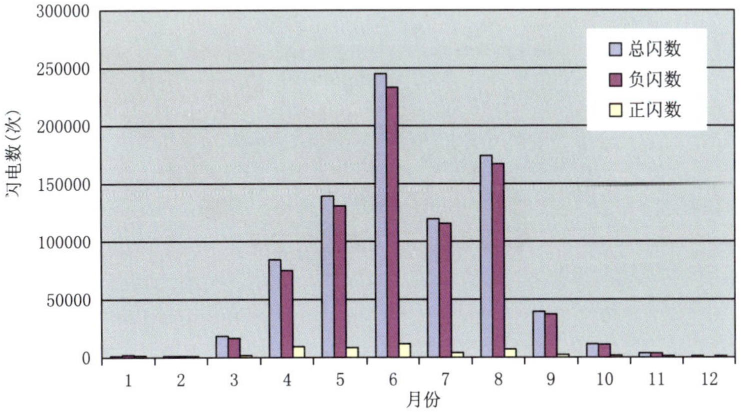

图3.58 2016年广西壮族自治区月雷电数统计直方图

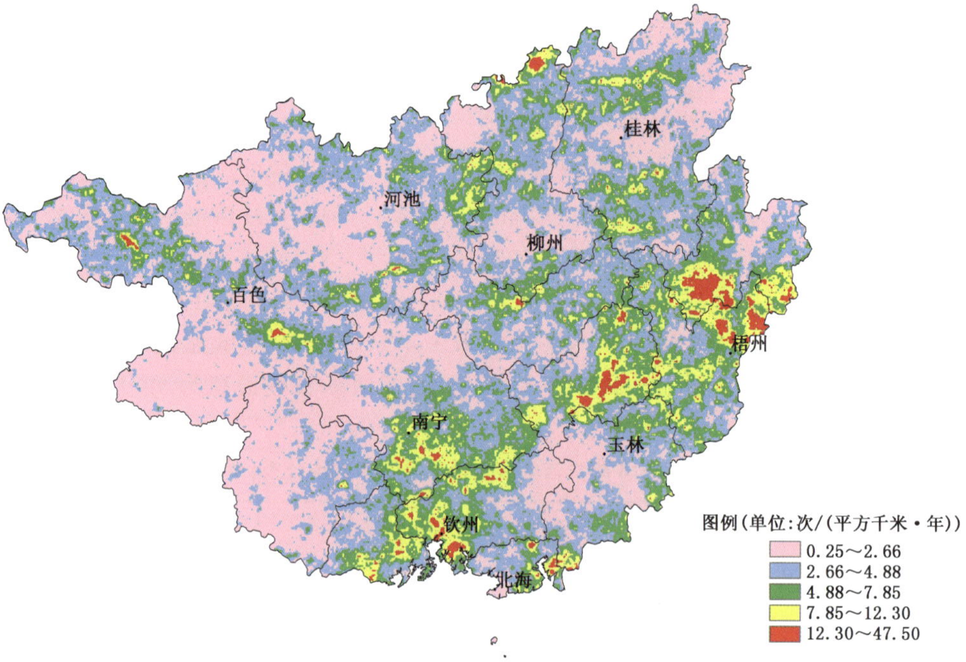

图 3.59　2016 年广西壮族自治区雷电密度分布图

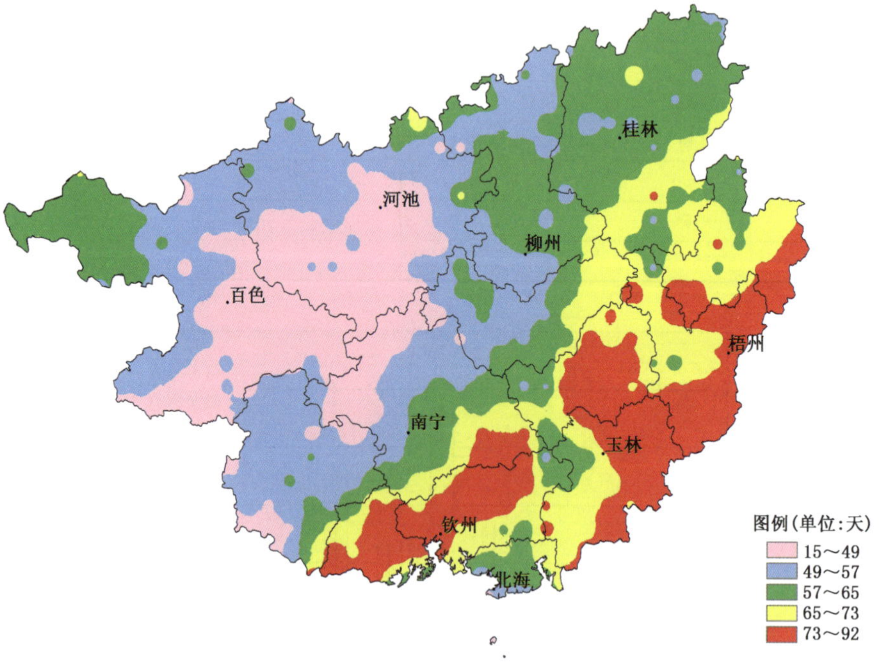

图 3.60　2016 年广西壮族自治区雷暴日分布图

二十一、海南省

2016年海南省共发生闪电149 388次,其中正闪7 938次,负闪141 450次,每月雷电发生次数见表3.21和图3.61。1—3月有零星雷电活动,4—10月是雷电活动高发期,其中,6月雷电活动次数最多,11月雷电活动逐渐减少,12月有零星雷电活动。

海南省雷电密度分布如图3.62所示,高密度区域集中在海南岛的中北部地区,最高雷电密度为39.5次/(平方千米·年),比2015年增加11.5次/(平方千米·年)。海南省雷暴日分布如图3.63所示,年雷暴日数最高为110天,较2015年增加16天,雷暴月数为12个月。

表3.21　2016年海南省月雷电数统计表(单位:次)

月份	总闪数	正闪数	负闪数
1	32	11	21
2	4	4	0
3	12	2	10
4	14225	877	13348
5	25947	1463	24484
6	46293	2184	44109
7	16030	676	15354
8	23650	1560	22090
9	18350	945	17405
10	4395	155	4240
11	418	48	370
12	32	13	19
合计	149388	7938	141450

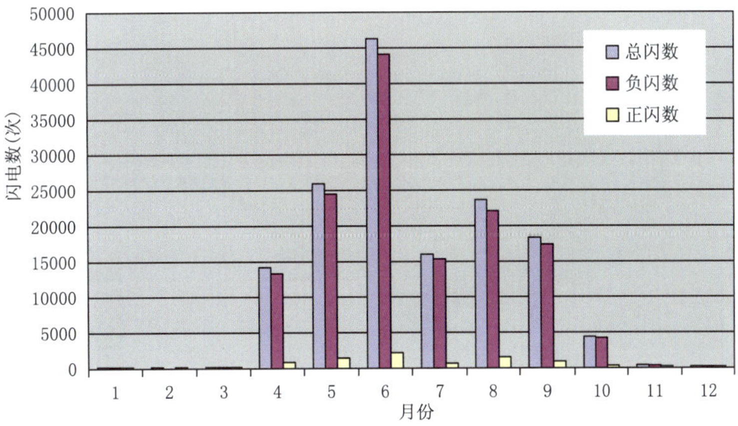

图3.61　2016年海南省月雷电数统计直方图

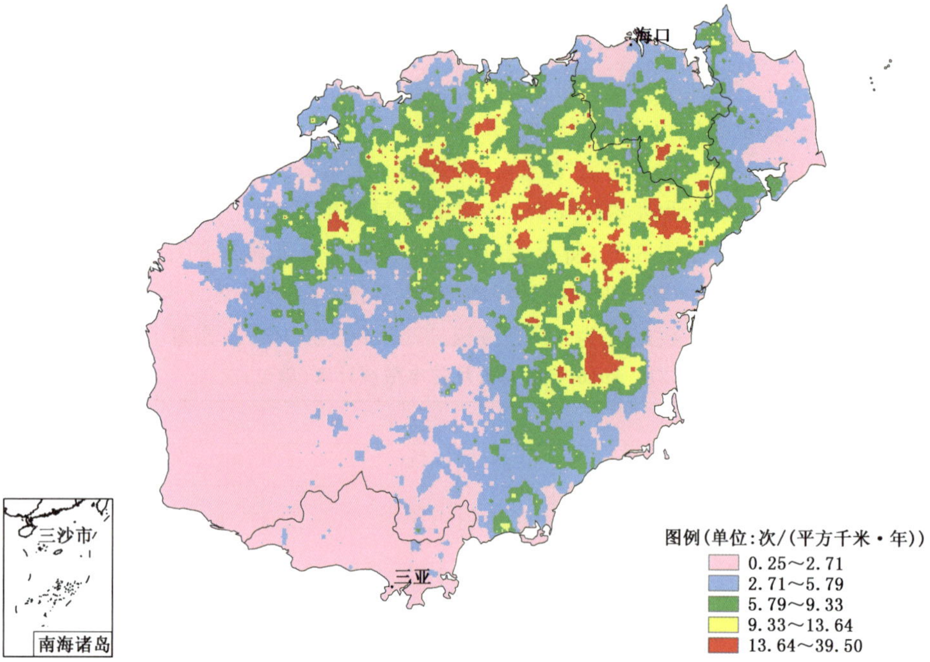

图 3.62　2016 年海南省雷电密度分布图

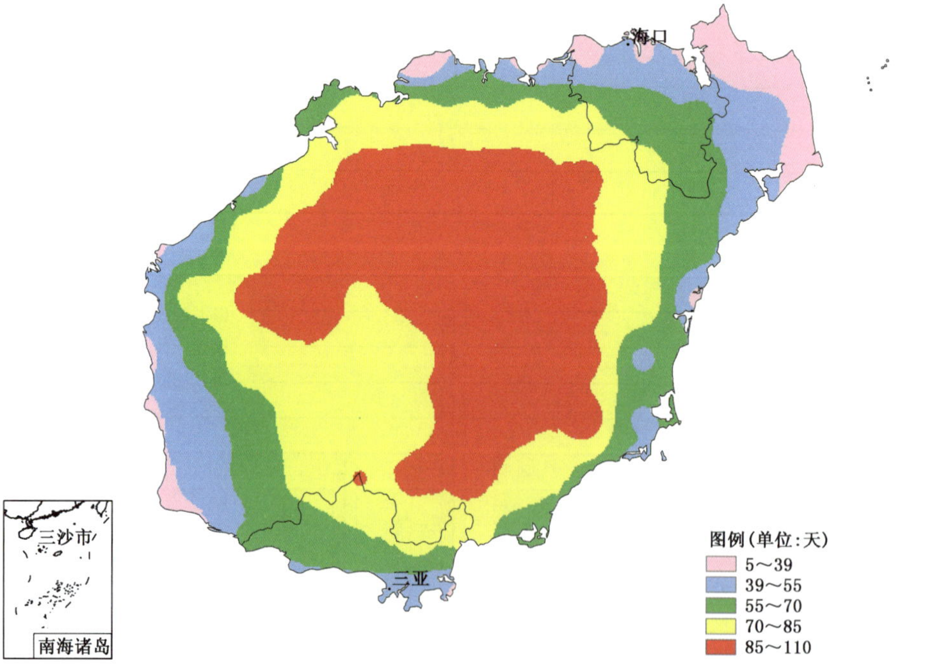

图 3.63　2016 年海南省雷暴日分布图

二十二、重庆市

2016年重庆市共发生闪电190 939次，其中正闪8 413次，负闪182 526次，每月雷电次数见表3.22和图3.64。1—2月有少量雷电活动，3—8月是雷电高发期，其中7月雷电活动次数最多。9月雷电活动明显减少，11月和12月有零星雷电活动。

重庆市雷电密度分布如图3.65所示，高密度区域较2015年减少，集中在重庆市西部地区，最高雷电密度为53.5次/(平方千米·年)，较2015年增加了35.25次/(平方千米·年)。此外，中北部地区存在一些零散的高值区。重庆雷暴日分布如图3.66所示，年雷暴日数最高为65天，较2015年增加19天，雷暴月数为12月。

表3.22　2016年重庆市月雷电数统计表(单位:次)

月份	总闪数	正闪数	负闪数
1	29	8	21
2	55	19	36
3	12619	719	11900
4	16707	900	15807
5	15056	1715	13341
6	33046	2112	30934
7	59131	1487	57644
8	53332	1359	51973
9	320	31	289
10	640	59	581
11	3	3	0
12	1	1	0
合计	190939	8413	182526

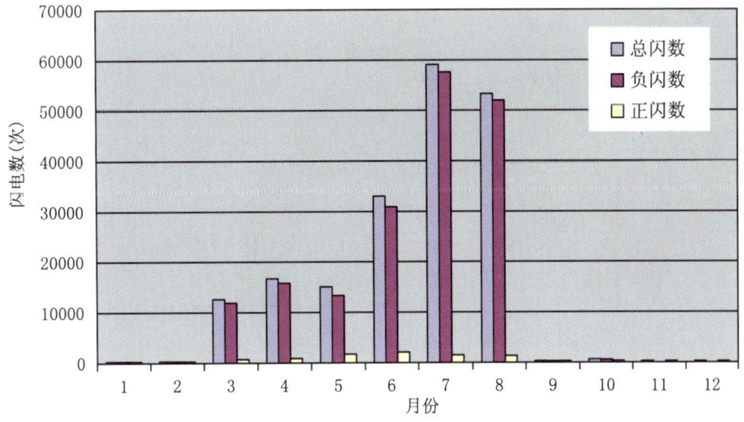

图3.64　2016年重庆市月雷电数统计直方图

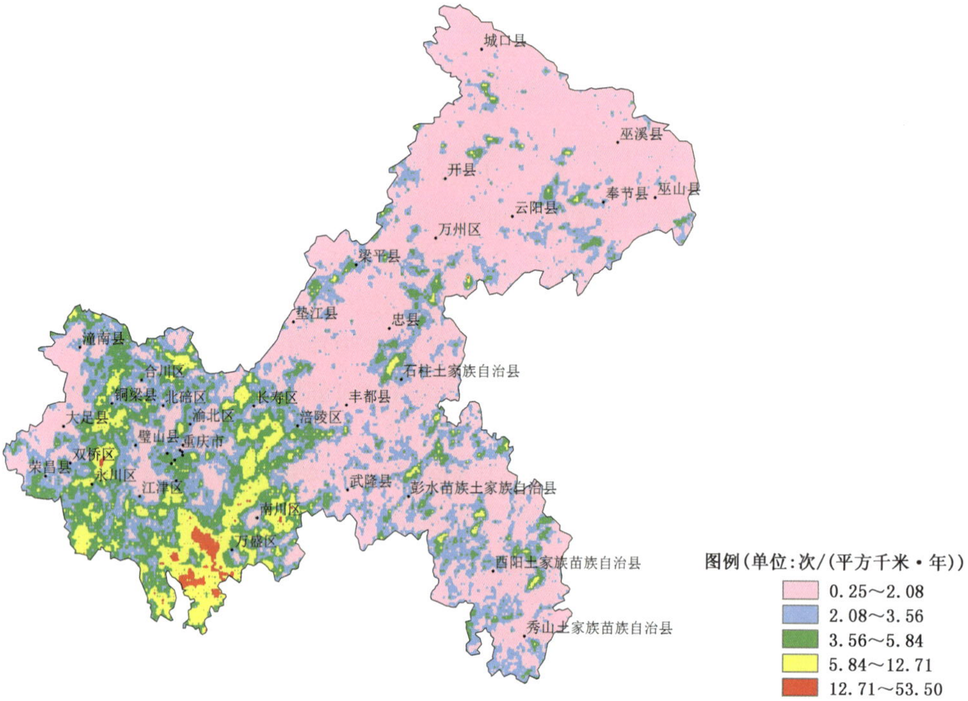

图 3.65　2016 年重庆市雷电密度分布图

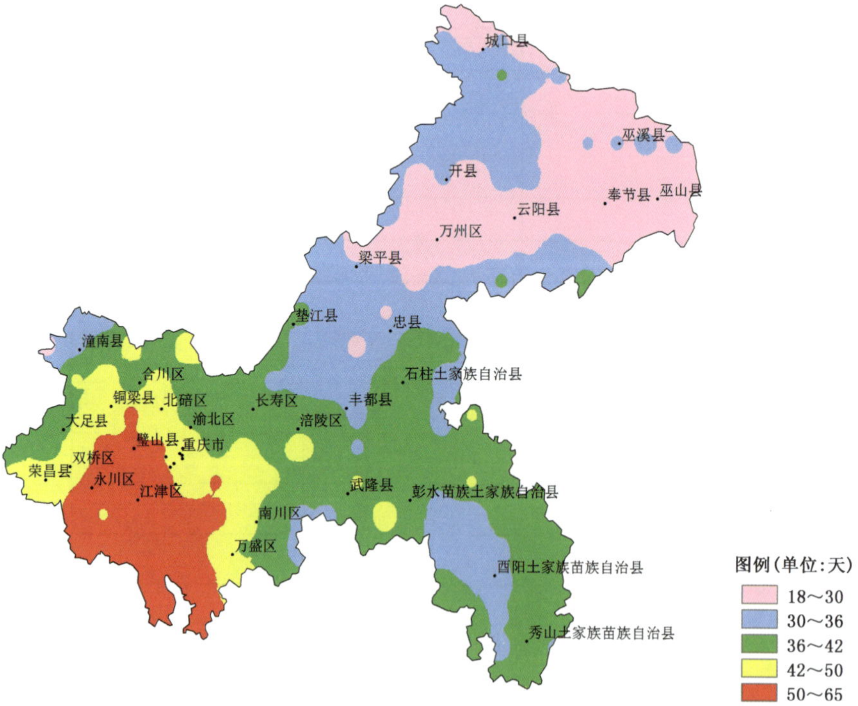

图 3.66　2016 年重庆市雷暴日分布图

二十三、四川省

2016 年四川省共发生闪电 614 527 次，其中正闪 31 832 次，负闪 582 695 次。每月雷电次数见表 3.23 和图 3.67。1—2 月开始有少量雷电活动，3—9 月是雷电高发期，其中 7 月雷电次数最多，达到 264 845 次，11—12 月仅有少量雷电活动。

四川省雷电密度分布如图 3.68 所示，高密度区域集中在四川的东南部地区，最高雷电密度为 34.50 次/(平方千米·年)，较 2015 年最高雷电密度增加 10.0 次/(平方千米·年)。四川省雷暴日分布如图 3.69，年雷暴日数最高为 80 天，较 2015 年增加了 2 天，雷暴月数为 12 个月。

表 3.23　2016 年四川省月雷电数统计表(单位:次)

月份	总闪数	正闪数	负闪数
1	24	2	22
2	97	42	55
3	7019	450	6569
4	8844	1681	7163
5	46800	5746	41054
6	47595	4887	42708
7	264845	9509	255336
8	217392	6697	210695
9	18969	1978	16991
10	2901	825	2076
11	38	13	25
12	3	2	1
合计	614527	31832	582695

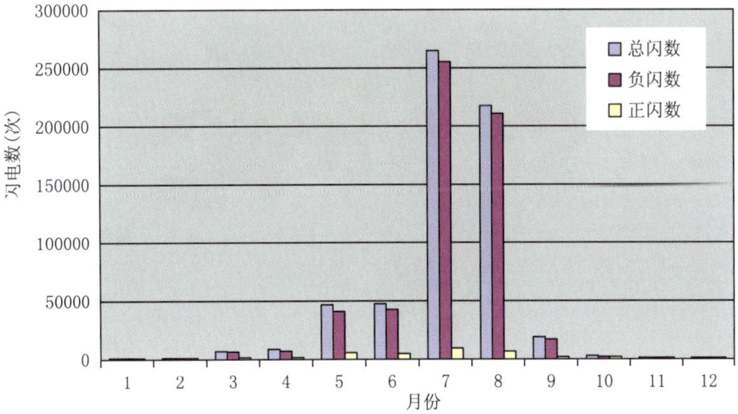

图 3.67　2016 年四川省月雷电数统计直方图

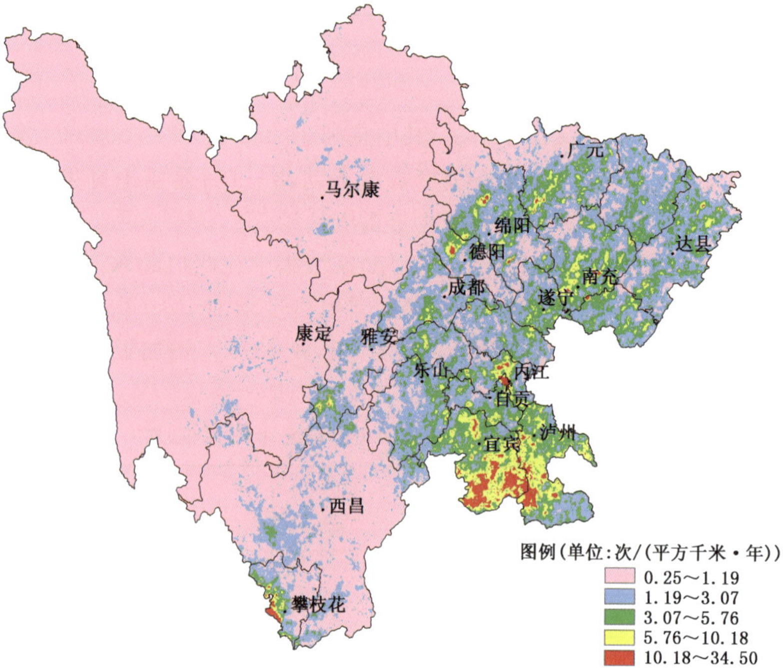

图 3.68　2016 年四川省雷电密度分布图

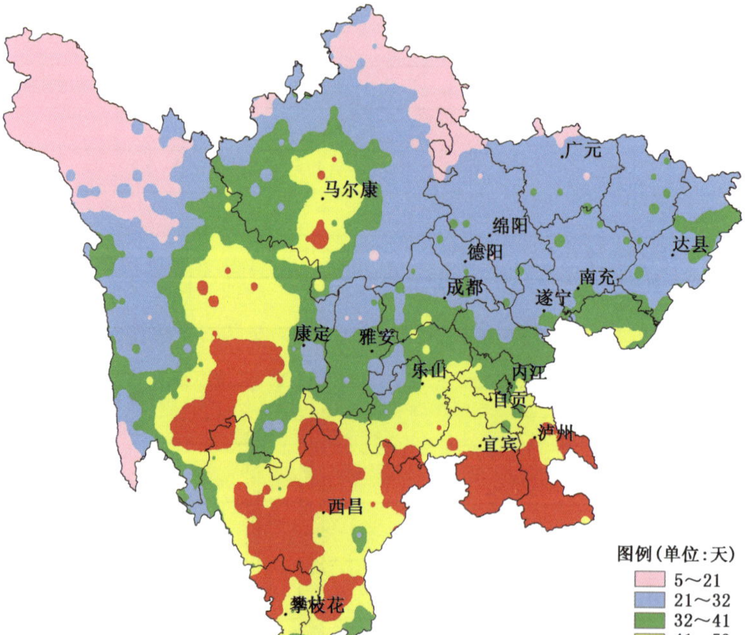

图 3.69　2016 年四川省雷暴日分布图

二十四、贵州省

2016 年贵州省共发生闪电 462 931 次,其中正闪 29 020 次,负闪 433 911 次。每月雷电次数见表 3.24 和图 3.70。1—2 月开始有少量雷电活动,3—9 月是雷电高发期,8 月雷电活动次数最多,10 月雷电活动骤然减少,12 月没有雷电活动。

贵州省雷电密度分布如图 3.71 所示,高密度区域集中在铜仁、遵义、凯里南部、都匀东南部等地区,以及安顺和兴义的部分地区,最高雷电密度为 24.5 次/(平方千米·年),较 2015 年减少 4.88 次/(平方千米·年)。贵州省雷暴日分布如图 3.72 所示,年雷暴日数最高为 71 天,与 2015 年持平,雷暴月数为 11 个月。

表 3.24　2016 年贵州省月雷电数统计表(单位:次)

月份	总闪数	正闪数	负闪数
1	647	179	468
2	223	70	153
3	36438	2332	34106
4	77137	7277	69860
5	73103	5563	67540
6	55564	5225	50339
7	73691	3748	69943
8	133596	3925	129671
9	11093	466	10627
10	1422	226	1196
11	17	9	8
12	0	0	0
合计	462931	29020	433911

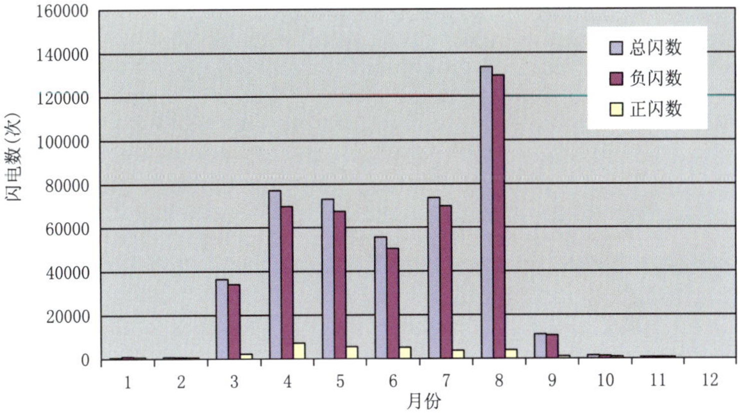

图 3.70　2016 年贵州省月雷电数统计直方图

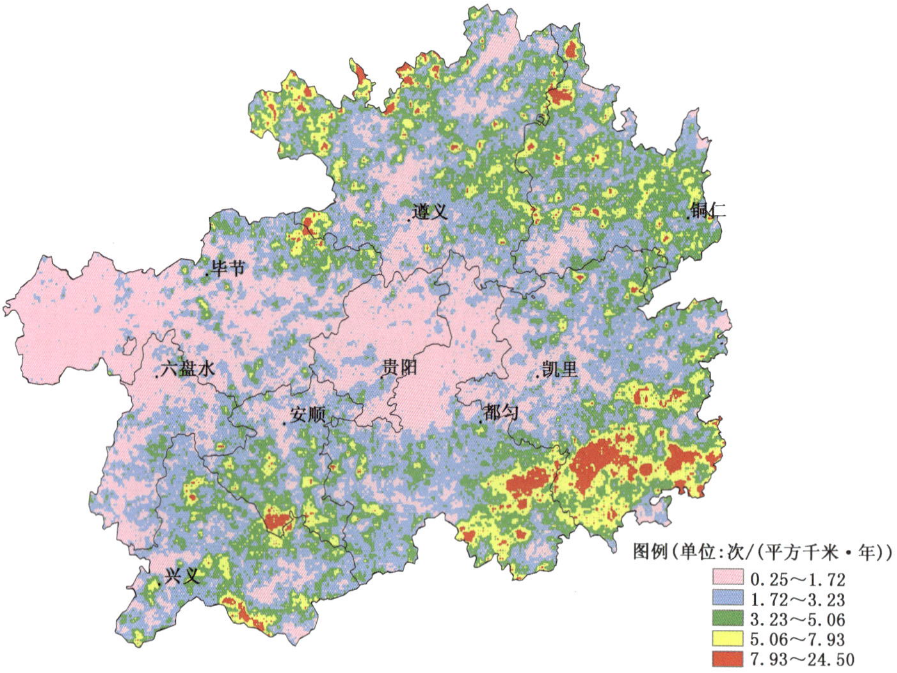

图 3.71　2016 年贵州省雷电密度分布图

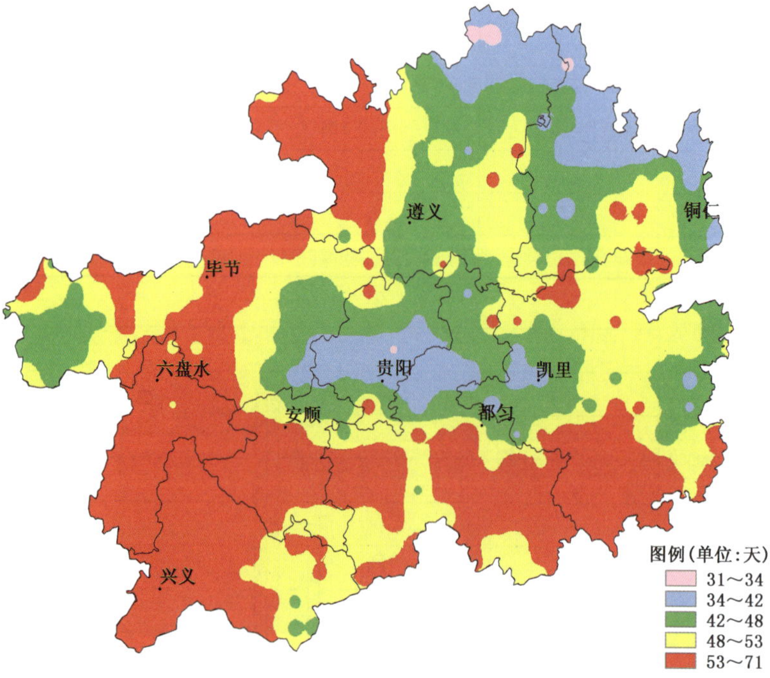

图 3.72　2016 年贵州省雷暴日分布图

二十五、云南省

2016 年云南省共发生闪电 566 828 次，其中正闪 30 991 次，负闪 535 837 次，每月雷电次数见表 3.25 和图 3.73。1—3 月有少量雷电活动，4—10 月是雷电高发期，其中 8 月雷电活动最为频繁，11—12 月的雷电活动较少。

云南省雷电密度分布如图 3.74 所示，高密度区域集中在个旧西南部、丽江东南部、昭通东北部、楚雄东部、玉溪西北部地区。最高雷电密度为 28.50 次/(平方千米·年)。较 2015 年增加了 2.11 次/(平方千米·年)。云南省雷暴日分布如图 3.75 所示，年雷暴日数最高为 83 天，较 2015 年增加了 5 天，雷暴月数为 12 个月。

表 3.25　2016 年云南省月雷电数统计表(单位:次)

月份	总闪数	正闪数	负闪数
1	574	190	384
2	2638	1110	1528
3	2818	1096	1722
4	52809	7730	45079
5	26639	3447	23192
6	45560	2762	42798
7	54347	3508	50839
8	257658	6898	250760
9	85408	2699	82709
10	37671	1346	36325
11	560	128	432
12	146	77	69
总数	566828	30991	535837

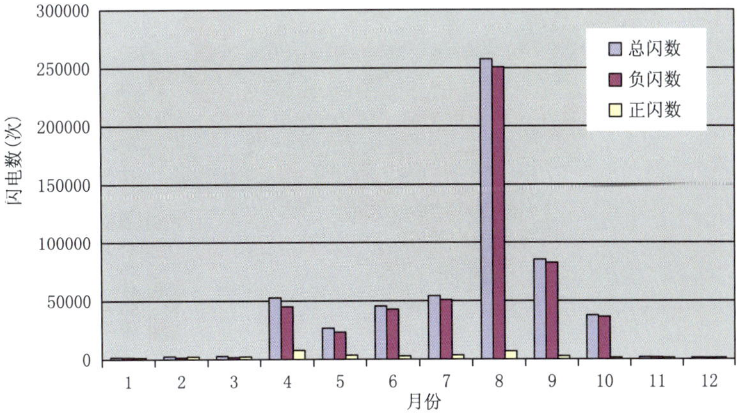

图 3.73　2016 年云南省月雷电数统计直方图

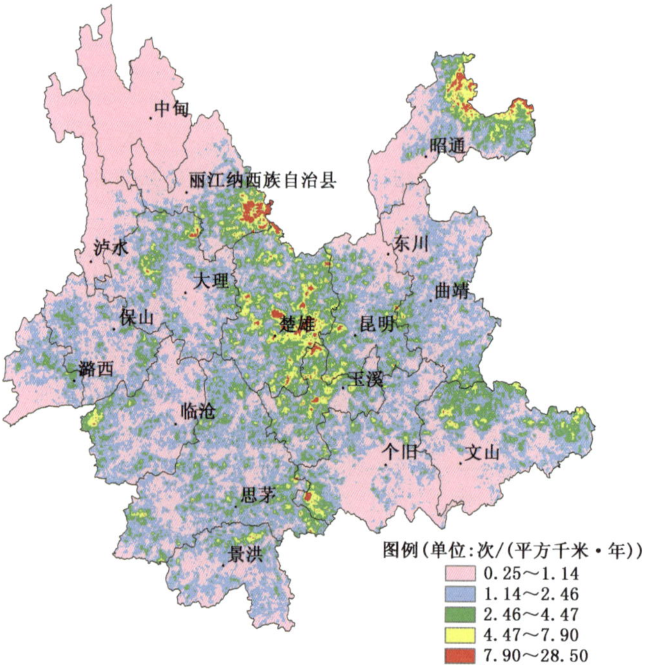

图 3.74　2016 年云南省雷电密度分布图

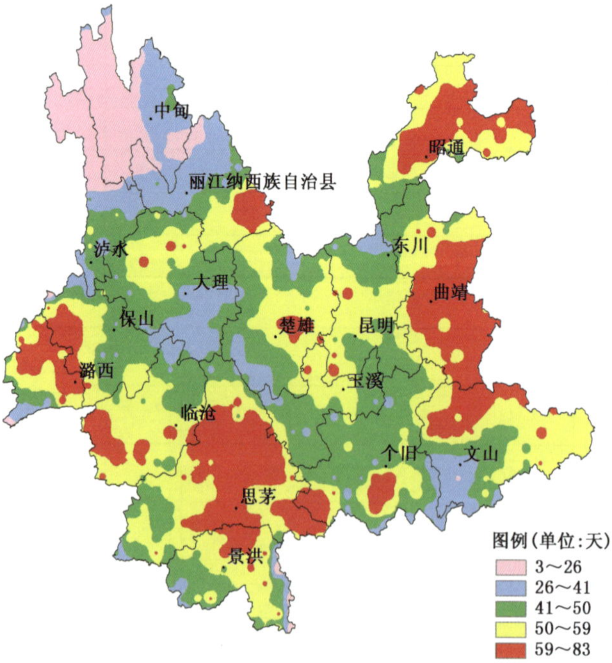

图 3.75　2016 年云南省雷暴日分布图

二十六、西藏自治区

2016 年西藏自治区共发生闪电 82 877 次,其中正闪 5 542 次,负闪 77 335 次,每月雷电发生次数见表 3.26 和图 3.76。1—4 月雷电活动较少,5 月雷电活动逐渐增多,6—9 月是雷电高发期,其中,6 月雷电活动次数最多,10—12 月雷电活动逐渐减少。

西藏自治区雷电密度分布如图 3.77 所示,高密度区域集中在那曲、拉萨和泽当等地,最高雷电密度为 8.00 次/(平方千米·年),较 2015 年增加了 4.25 次/(平方千米·年)。西藏自治区雷暴日分布如图 3.78 所示,年雷暴日数最高为 84 天,较 2015 年增加了 20 天,雷暴月数为 12 个月。

表 3.26　2016 年西藏自治区月雷电数统计表(单位:次)

月份	总闪数	正闪数	负闪数
1	48	35	13
2	40	21	19
3	313	105	208
4	1326	456	870
5	3723	233	3490
6	22878	970	21908
7	14697	919	13778
8	18794	1302	17492
9	18627	1257	17370
10	2398	223	2175
11	4	1	3
12	29	20	9
总数	82877	5542	77335

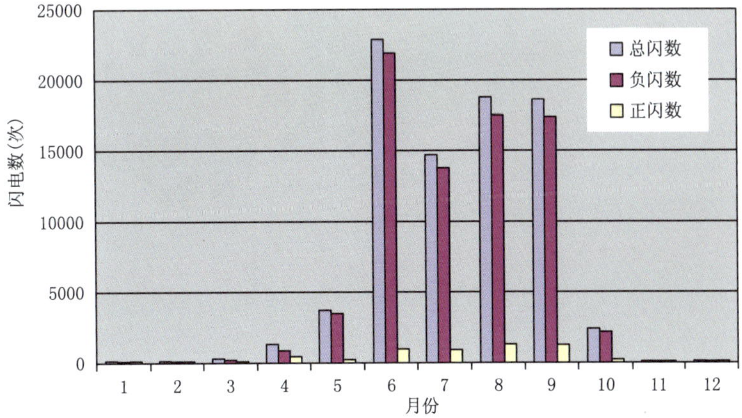

图 3.76　2016 年西藏自治区月雷电数统计直方图

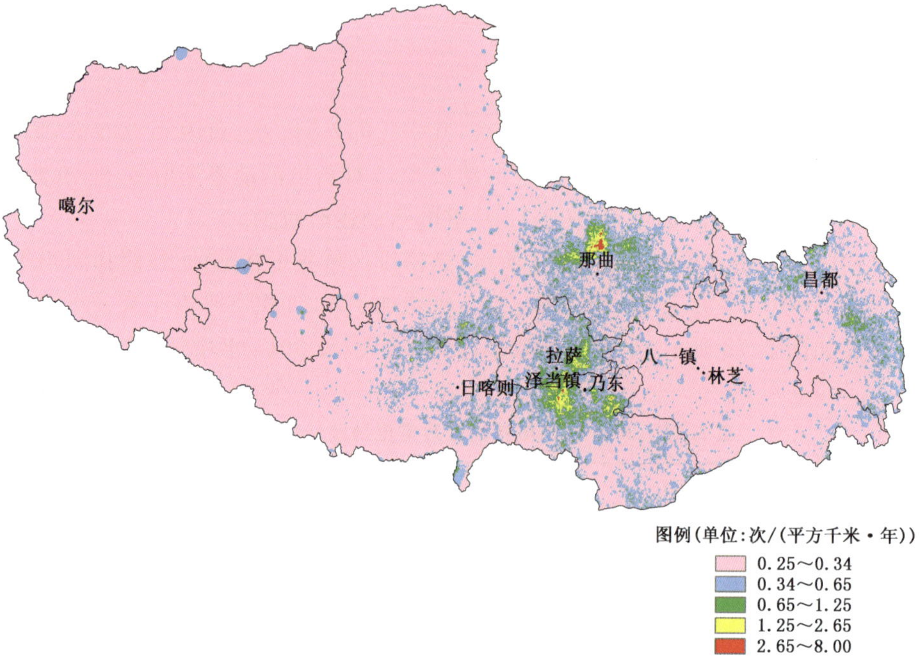

图 3.77　2016 年西藏自治区雷电密度分布图

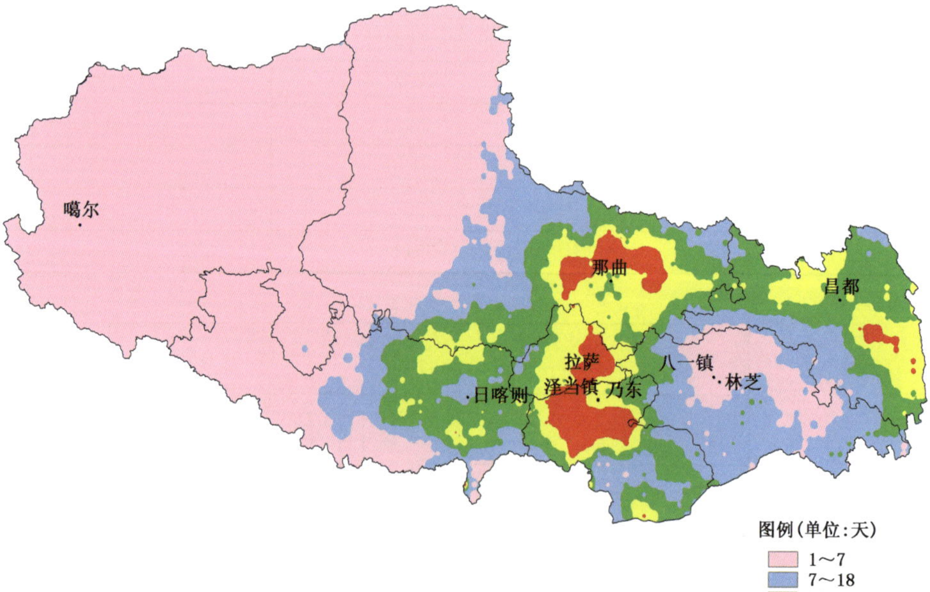

图 3.78　2016 年西藏自治区雷暴日分布图

二十七、陕西省

2016 年陕西省共发生闪电 176 428 次，其中正闪 12 565 次，负闪 163 863 次。每月雷电次数见表 3.27 和图 3.79。1 月只有 1 次雷电活动。2 月有 7 次雷电活动，3—5 月雷电活动开始增多，6—9 月是雷电高发期，其中 8 月雷电活动最频繁，10—11 月雷电活动减少，12 月无雷电活动。

陕西省雷电密度分布如图 3.80 所示，高密度区域集中在榆林北部、延安东部和商州东部地区，最高雷电密度为 14.50 次/(平方千米·年)，较 2015 年减少 10.65 次/(平方千米·年)。陕西省雷暴日分布如图 3.81 所示，年雷暴日数最高为 41 天，雷暴月数为 11 个月。

表 3.27　2016 年陕西省月雷电数统计表(单位:次)

月份	总闪数	正闪数	负闪数
1	1	0	1
2	7	1	6
3	333	134	199
4	2717	496	2221
5	2822	1190	1632
6	19395	4354	15041
7	59739	3432	56307
8	80311	1861	78450
9	8858	906	7952
10	2123	184	1939
11	122	7	115
12	0	0	0
合计	176428	12565	163863

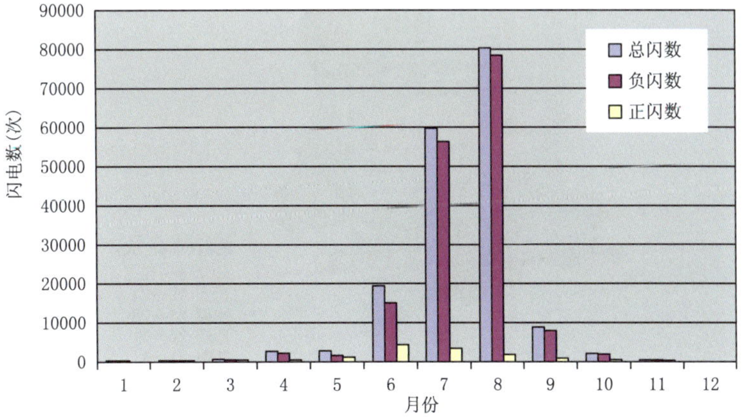

图 3.79　2016 年陕西省月雷电数统计直方图

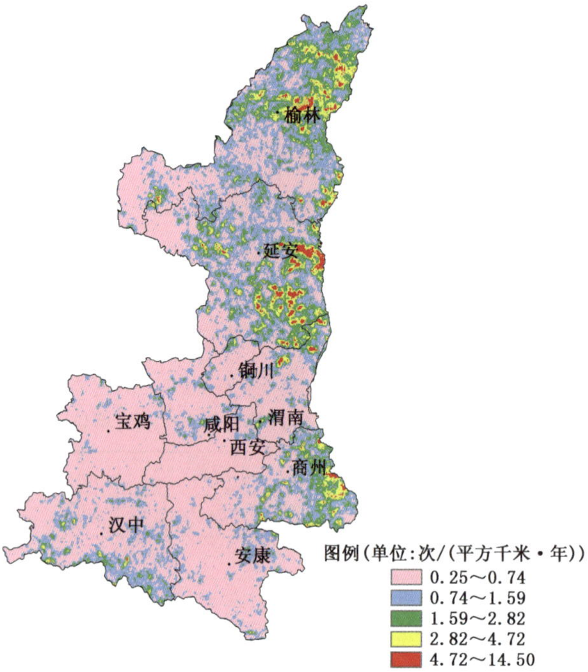

图 3.80　2016 年陕西省雷电密度分布图

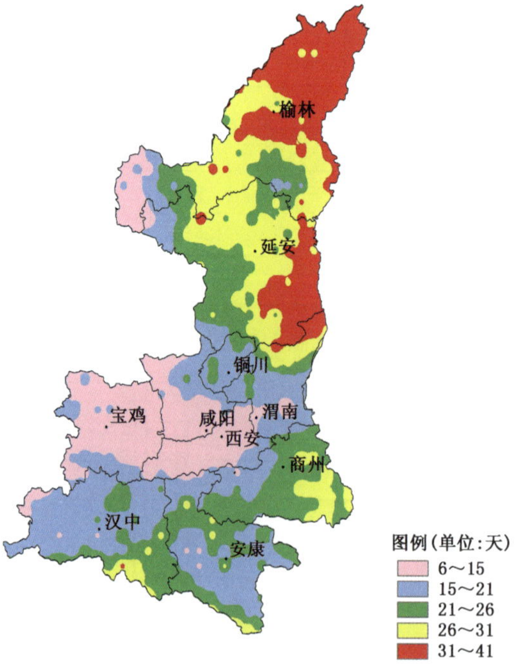

图 3.81　2016 年陕西省雷暴日分布图

二十八、甘肃省

2016 年甘肃省共发生闪电 29 524 次，其中正闪 5 163 次，负闪 24 361 次。每月雷电次数见表 3.28 和图 3.82。1 月无雷电活动，2—3 月有少量雷电活动，4 月雷电活动开始增多，6—8 月是雷电高发期，8 月雷电活动最频繁，9 月雷电活动减少，10—11 月只有少量雷电活动，12 月无雷电活动。

甘肃省雷电密度分布如图 3.83 所示，高密度区域集中在张掖、兰州和西峰等部分地区，最高雷电密度为 7.25 次/(平方千米·年)，较 2015 年增加了 2.75 次/(平方千米·年)。甘肃省雷暴日分布如图 3.84 所示，年雷暴日数最高为 41 天，雷暴月数为 10 个月。

表 3.28　2016 年甘肃省月雷电数统计表(单位:次)

月份	总闪数	正闪数	负闪数
1	0	0	0
2	2	1	1
3	103	51	52
4	707	269	438
5	1429	338	1091
6	5658	1057	4601
7	4951	716	4235
8	14152	2299	11853
9	1745	258	1487
10	771	173	598
11	6	1	5
12	0	0	0
合计	29524	5163	24361

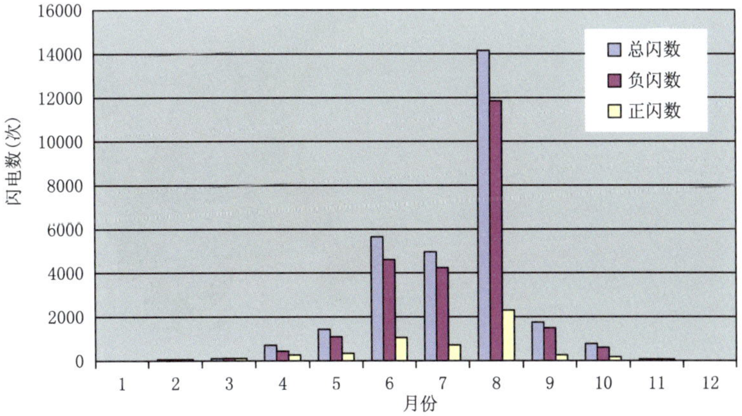

图 3.82　2016 年甘肃省月雷电数统计直方图

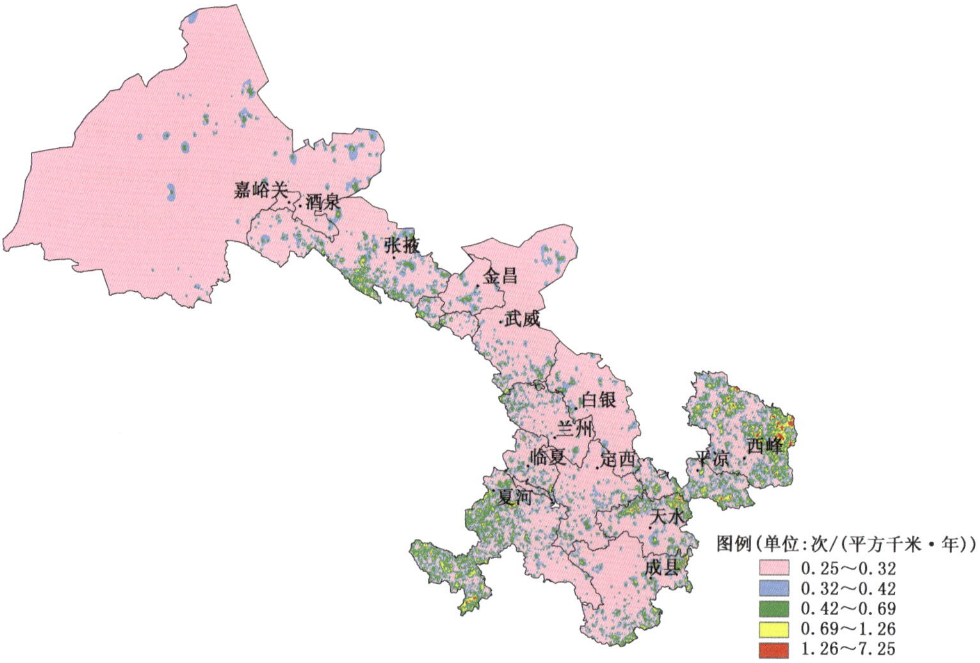

图 3.83　2016 年甘肃省雷电密度分布图

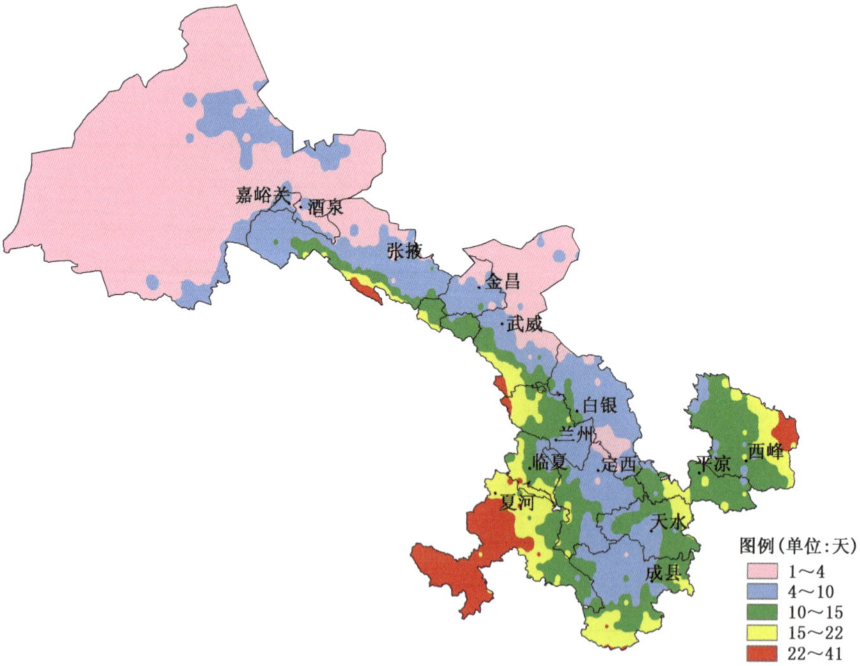

图 3.84　2016 年甘肃省雷暴日分布图

二十九、青海省

2016 年青海省共发生闪电 86 399 次，其中正闪 17 801 次，负闪 68 598 次。每月雷电次数见表 3.29 和图 3.85。1 月无雷电活动，2 月只有 1 次雷电活动，3—4 月雷电活动开始增加，5—9 月是雷电高发期，8 月雷电活动最频繁，10 月雷电活动减少，11—12 月只有少量雷电活动。

青海省雷电密度分布如图 3.86 所示，高密度区域集中在西宁、平安以及门源西南部地区，最高雷电密度为 6.75 次/(平方千米·年)，较 2015 年减少了 2.25 次/(平方千米·年)。青海省雷暴日分布如图 3.87 所示，年雷暴日数最高为 52 天，较 2015 年增加了 11 天，雷暴月数为 11 个月。

表 3.29　2016 年青海省月雷电数统计表(单位:次)

月份	总闪数	正闪数	负闪数
1	0	0	0
2	1	1	0
3	90	30	60
4	537	91	446
5	4463	431	4032
6	8600	516	8084
7	12090	963	11127
8	50113	15020	35093
9	8984	534	8450
10	1513	215	1298
11	6	0	6
12	2	0	2
合计	86399	17801	68598

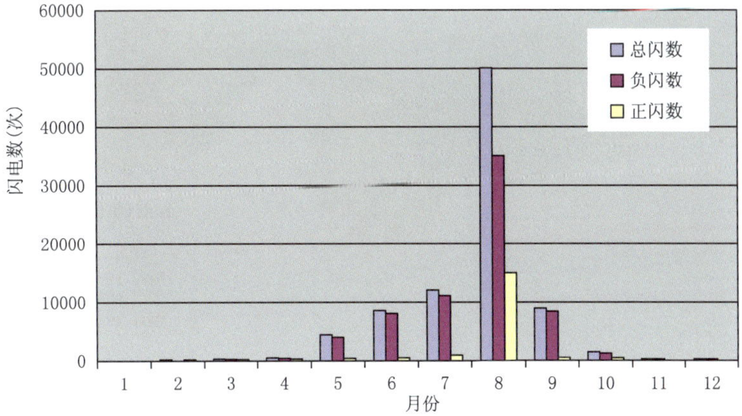

图 3.85　2016 年青海省月雷电数统计直方图

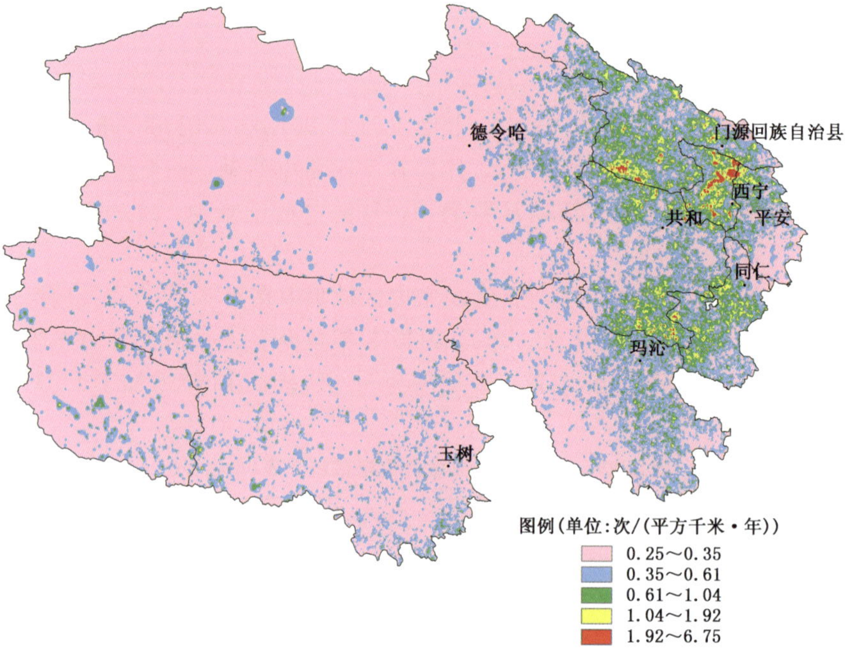

图 3.86　2016 年青海省雷电密度分布图

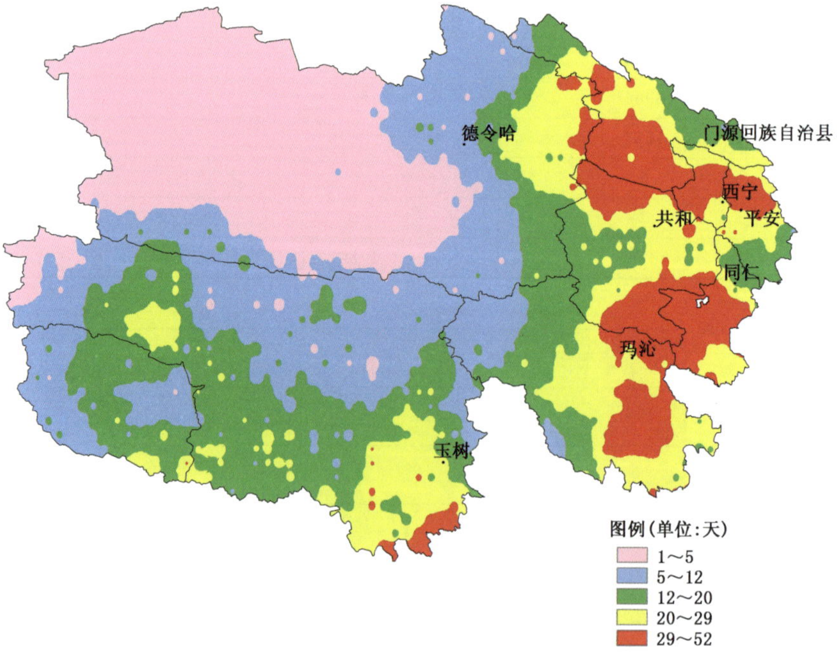

图 3.87　2016 年青海省雷暴日分布图

三十、宁夏回族自治区

2016 年宁夏回族自治区共发生闪电 5 221 次，其中正闪 774 次，负闪 4 447 次，较 2015 年总闪数增加了约 20.49%，每月雷电发生次数见表 3.30 和图 3.88。1—2 月无雷电活动，3—5 月有少量雷电活动，6—9 月是雷电活动高发期，8 月雷电活动最多，10 月雷电活动明显减少，11—12 月无雷电活动。

宁夏回族自治区雷电密度分布如图 3.89 所示，高密度区域分布在中部及北部地区，最高雷电密度为 6.00 次/(平方千米·年)，较 2015 年增加了 3.25 次/(平方千米·年)。宁夏回族自治区雷暴日分布如图 3.90 所示，年雷暴日数最高为 20 天，雷暴月数为 8 个月。

表 3.30　2016 年宁夏回族自治区月雷电数统计表(单位:次)

月份	总闪数	正闪数	负闪数
1	0	0	0
2	0	0	0
3	2	1	1
4	116	16	100
5	52	25	27
6	1028	215	813
7	502	188	314
8	2422	120	2302
9	1026	157	869
10	73	52	21
11	0	0	0
12	0	0	0
合计	5221	774	4447

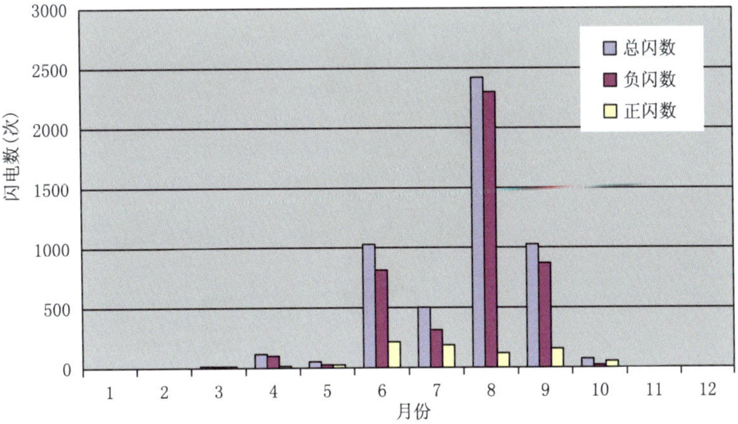

图 3.88　2016 年宁夏回族自治区月雷电数统计直方图

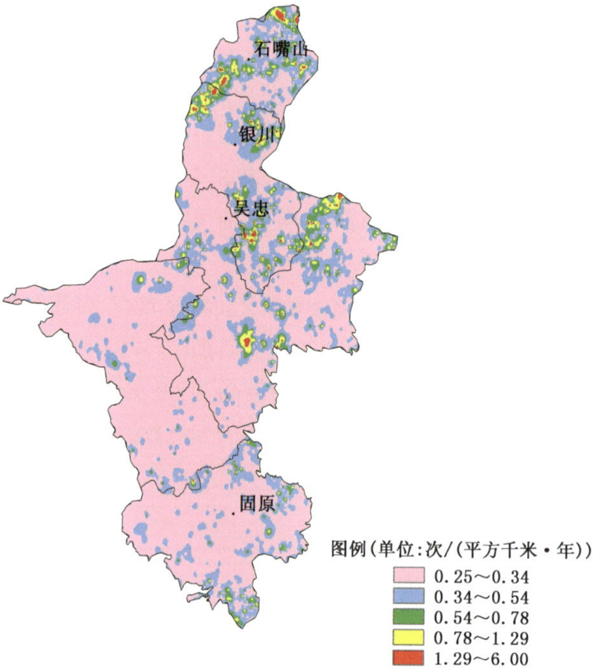

图 3.89　2016 年宁夏回族自治区雷电密度分布图

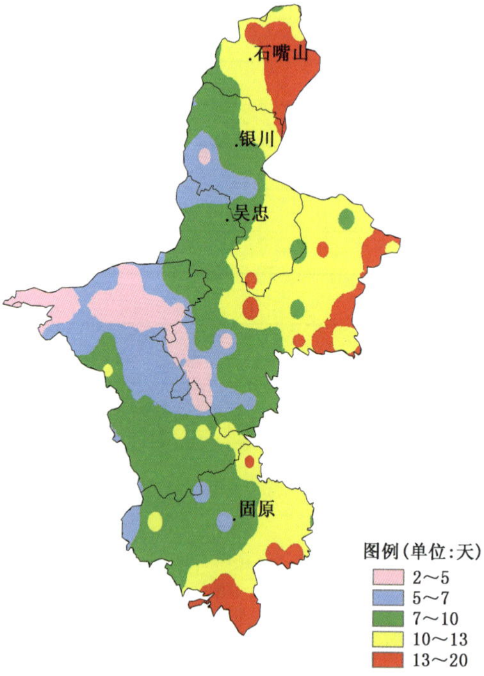

图 3.90　2016 年宁夏回族自治区雷暴日分布图

三十一、新疆维吾尔自治区

2016年新疆维吾尔自治区共发生闪电43 863次,其中正闪8 218次,负闪35 645次,每月雷电发生次数见表3.31和图3.91。1—4月有少量的雷电活动,5—9月是雷电活动高发期,7月雷电活动最多,10月雷电活动明显减少,11月无雷电活动,12月仅有零星雷电活动。

新疆维吾尔自治区雷电密度分布如图3.92所示,高密度区域分布在克拉玛依、吐鲁番、阿克苏和库尔勒等地区,最高雷电密度为5.00次/(平方千米·年),较2015年增加了2.50次/(平方千米·年)。新疆维吾尔自治区雷暴日分布如图3.93所示,年雷暴日数最高为45天,较2015年增加了21天,雷暴月数为11个月。

表3.31　2016年新疆维吾尔自治区月雷电数统计表(单位:次)

月份	总闪数	正闪数	负闪数
1	13	0	13
2	28	2	26
3	81	9	72
4	1334	342	992
5	4835	769	4066
6	10936	2160	8776
7	16668	2672	13996
8	4459	822	3637
9	5307	1390	3917
10	197	51	146
11	0	0	0
12	5	1	4
合计	43863	8218	35645

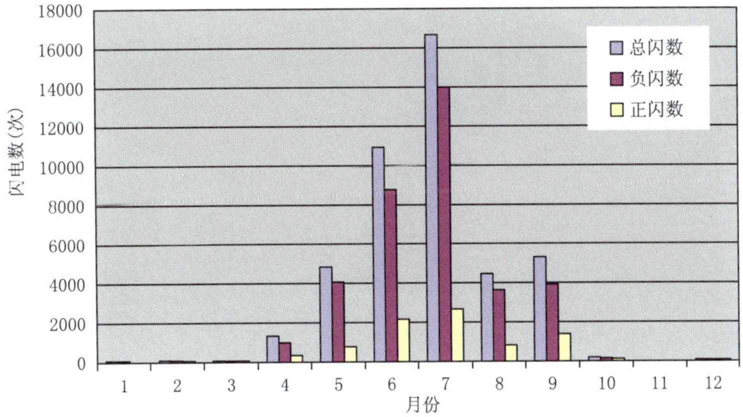

图3.91　2016年新疆维吾尔自治区月雷电数统计直方图

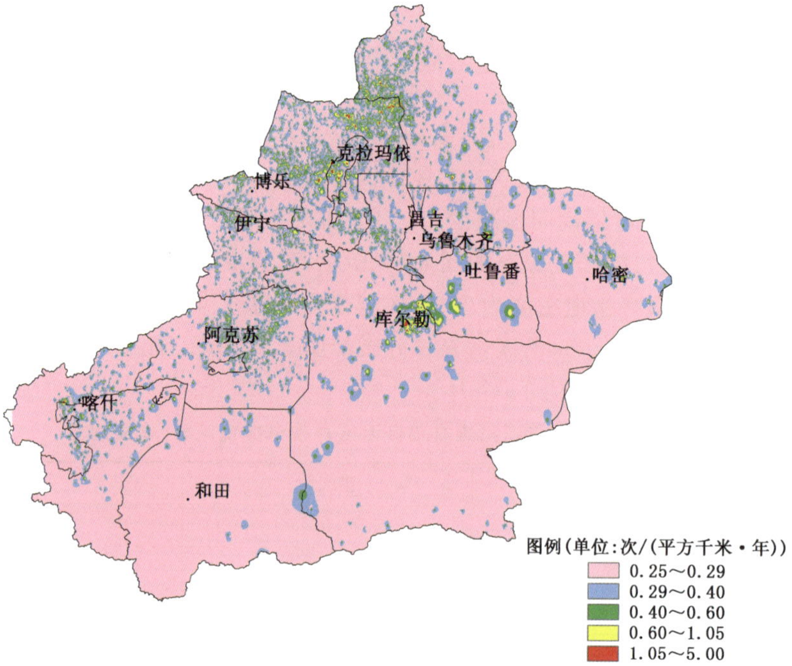

图 3.92　2016 年新疆维吾尔自治区雷电密度分布图

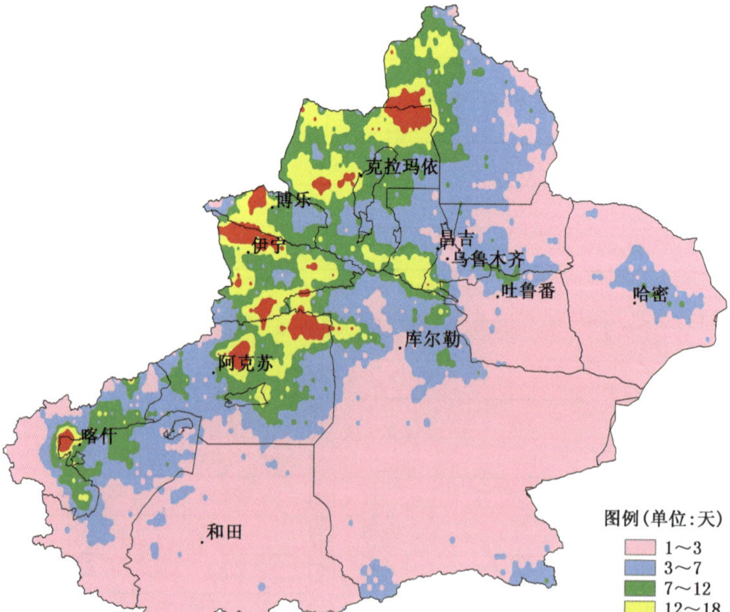

图 3.93　2016 年新疆维吾尔自治区雷暴日分布图

第四部分
2016 年全国雷电监测信息行业服务

一、全国主要机场年雷暴日、雷电密度及雷电强度值

机场的年雷暴日、雷电密度是以机场为中心，以 30 千米为半径统计该范围内的年雷暴日和雷电密度的平均值。统计 2016 年全国主要机场在雷电监测网覆盖区域的年雷暴日、雷电密度及雷电强度值(表 4.1)。福建的厦门高崎机场、泉州晋江机场和连城官豸山机场，江西的赣州黄金机场，广东的广州白云国际机场、深圳宝安国际机场、深圳南头直升机场、湛江坡头民航直升机飞机场、湛江坡头中国海洋直升机场、湛江新塘机场、梅县机场、中山机场，广西的梧州机场，贵州的兴义机场，云南的芒市机场、思茅机场，台湾的金门机场，2016 年雷暴日都达到 60 天以上；而雷电最高密度区域出现在广州白云国际机场，峰值为 10.69 次/(平方千米·年)。

表 4.1　2016 年全国主要机场年雷暴日、雷电密度及雷电强度值统计表

机场	省(区、市)	雷暴日数(天)	雷电密度(次/(平方千米·年))	平均正闪强度(千安)	平均负闪强度(千安)
八达岭机场	北京	31	1.42	67.46	−30.80
首都国际机场		27	1.51	73.13	−31.62
北京南苑机场		25	0.92	76.60	−34.77
定陵机场		32	1.12	66.88	−31.11
大溶洞机场		24	1.01	64.12	−32.01
天津滨海国际机场	天津	19	0.98	77.02	−33.35
天津塘沽机场		14	0.63	79.50	−35.74
天津滨海东方通用直升机场		15	0.74	76.24	−33.09
石家庄正定国际机场	河北	22	0.98	73.85	−31.45
秦皇岛山海关机场		16	0.56	66.19	−52.94
邯郸机场		25	1.91	80.16	−30.29
承德机场		25	0.97	67.33	−37.27
太原武宿机场	山西	34	2.20	59.47	−35.58
长治王村机场		28	2.02	52.31	−35.48
平朔安太堡机场		37	1.60	66.66	−36.32
大同怀仁机场		33	1.80	54.74	−30.26
大同航空培训基地机场		34	1.81	54.48	−30.39
运城关公机场		25	1.02	86.97	−31.71

续表

机场	省(区、市)	雷暴日数(天)	雷电密度(次/(平方千米·年))	平均正闪强度(千安)	平均负闪强度(千安)
扎兰屯航空护林站机场	内蒙古	16	0.53	64.95	−30.24
呼和浩特白塔机场		29	1.44	53.42	−25.87
包头二里半机场		25	1.31	55.15	−31.14
海拉尔东山机场		9	0.31	60.49	−44.22
赤峰土城子机场		17	0.45	68.80	−38.99
通辽机场		15	0.57	73.15	−39.76
锡林浩特机场		11	0.30	69.22	−48.35
乌兰浩特机场		20	0.41	65.03	−59.63
乌海机场		12	0.33	78.03	−55.22
满洲里西郊机场		3	0.29	83.53	−44.57
加格达奇护林航空站机场		16	0.36	64.11	−64.22
宝清机场	黑龙江	13	0.45	70.50	−50.50
伊春机场		18	0.43	68.27	−51.36
哈尔滨太平国际机场		19	0.56	67.52	−44.29
嫩江机场		13	0.31	105.78	−70.75
塔河护林航空站塔尔根机场		21	0.42	53.33	−43.05
佳西机场		18	0.42	81.94	−57.32
牡丹江海浪机场		18	0.41	67.43	−40.32
佳木斯东郊机场		18	0.41	71.80	−56.44
黑河机场		12	0.35	80.58	−55.00
齐齐哈尔三家子机场		16	0.34	94.36	−77.80
八五六农航站机场		9	0.28	78.47	−83.81
塔河护林航空站		22	0.40	49.93	−44.02
宁安机场	吉林	16	0.41	75.76	−44.54
长春龙嘉国际机场		25	0.84	60.50	−30.97
吉林二台子机场		29	1.03	73.98	−31.52
延吉朝阳川机场		15	0.37	82.18	−46.85
长春二道河子机场		23	0.78	63.82	−36.49
敦化农用航空站机场		20	0.41	81.46	−41.20
白城大青山机场		22	0.62	81.89	−66.22
柳河机场		27	0.48	69.35	−38.94
沈阳桃仙国际机场	辽宁	24	0.95	61.00	−31.94
大连周水子机场		6	0.43	74.58	−53.93
沈阳于洪全胜机场		22	0.97	63.94	−29.90
沈阳苏家屯红宝山机场		22	0.91	58.70	−32.57
长海大长山岛机场		3	0.35	65.82	−48.87
丹东浪头机场		10	0.69	69.14	−47.14
朝阳机场		23	0.58	79.00	−37.39
鞍山机场		18	0.68	73.12	−33.60
锦州小领子机场		23	0.77	76.53	−33.21
上海浦东国际机场	上海	24	1.36	71.22	−42.18
上海虹桥机场		31	1.48	63.38	−39.35
龙华机场		30	1.53	64.42	−40.69
上海高东海上救助机场		27	1.91	63.91	−40.23
原上海江湾机场		29	1.88	61.11	−40.20

续表

机场	省(区、市)	雷暴日数(天)	雷电密度(次/(平方千米·年))	平均正闪强度(千安)	平均负闪强度(千安)
南京禄口国际机场	江苏	30	2.95	45.63	-35.81
常州奔牛机场		27	3.00	50.35	-36.29
江苏泰州春兰直升机场		22	1.89	56.62	-43.12
南通兴东机场		25	2.15	64.57	-47.12
连云港白塔埠机场		23	2.47	44.03	-26.21
徐州观音山机场		21	0.93	84.50	-43.76
盐城机场		14	0.42	91.53	-58.51
无锡朔放机场		33	1.87	59.36	-36.15
杭州萧山国际机场	浙江	35	2.01	69.62	-40.04
宁波栎社机场		36	7.68	33.88	-31.87
温州永强机场		44	3.17	41.08	-35.43
桐庐直升机场		48	2.63	62.74	-38.33
黄岩陆桥机场		33	3.16	46.47	-34.83
舟山朱家尖机场		11	1.23	52.80	-46.58
义乌机场		45	4.39	47.93	-31.37
衢州机场(军民合用)		47	3.62	45.46	-28.82
合肥骆岗国际机场	安徽	25	1.04	56.00	-42.51
黄山屯溪机场		46	2.13	63.01	-38.35
安庆天柱山机场		41	3.38	68.66	-43.07
阜阳机场		18	0.49	71.04	-43.36
福州长乐国际机场	福建	21	1.66	50.32	-41.67
厦门高崎机场		75	3.86	44.95	-38.56
南平武夷山机场		59	5.22	39.08	-27.12
泉州晋江机场		88	4.55	33.08	-38.91
连城官豸山机场		65	2.78	60.56	-40.24
南昌昌北国际机场	江西	46	3.92	61.04	-38.03
九江庐山机场		42	2.35	67.99	-41.74
景德镇罗家机场		51	4.94	53.05	-35.41
赣州黄金机场		73	3.61	50.09	-39.24
吉安井冈山机场		59	3.58	60.94	-37.80
济南遥墙国际机场	山东	22	1.12	64.40	-28.71
青岛流亭国际机场		12	0.45	66.13	-32.10
烟台莱山机场		12	1.04	57.22	-25.72
威海大水泊机场		12	1.08	38.24	-25.48
潍坊机场		16	0.49	64.51	-41.41
临沂机场		24	0.78	73.89	-29.99
东营机场		22	2.23	59.48	-33.74
青岛市石老人直升机场		9	0.47	55.16	-35.83
泰安直升机场		22	1.56	59.50	-26.87
郑州上街机场	河南	22	0.93	60.39	-24.16
明港机场		17	1.19	47.87	-30.87
南阳姜营机场		14	0.53	58.17	-37.49
洛阳北郊机场		21	1.06	60.05	-27.15
郑州新郑国际机场		20	0.74	70.77	-35.09
安阳航空运动学校机场		23	0.84	64.74	-26.71

续表

机场	省(区、市)	雷暴日数(天)	雷电密度(次/(平方千米·年))	平均正闪强度(千安)	平均负闪强度(千安)
沙市机场	湖北	27	1.17	56.67	−38.67
武汉天河机场		30	1.53	70.34	−43.98
宜昌三峡机场		30	1.00	62.30	−36.06
襄樊刘集机场		16	0.71	64.54	−36.95
恩施机场		37	1.40	55.36	−41.67
永州零陵机场	湖南	45	1.89	73.48	−48.31
常德机场		38	3.26	50.85	−33.21
张家界荷花机场		32	1.62	58.82	−37.68
长沙黄花国际机场		49	1.97	61.79	−35.78
广州白云国际机场	广东	99	10.69	44.46	−32.30
深圳宝安国际机场		78	6.98	47.57	−35.08
深圳南头直升机场		76	6.97	45.34	−34.66
湛江坡头民航直升机场		62	5.20	58.36	−39.26
湛江坡头中国海洋直升机场		62	5.19	58.36	−39.26
珠海九州直升机场		33	2.35	53.60	−42.53
湛江新塘机场		70	4.87	57.25	−38.30
珠海三灶机场		37	2.09	53.19	−42.28
梅县机场		73	4.71	48.65	−33.63
汕头外砂机场		49	2.46	54.37	−38.70
中山机场		63	4.66	54.34	−36.80
百色右江机场	广西	42	4.58	54.42	−37.39
北海机场		56	4.09	64.62	−47.11
梧州机场		75	7.45	37.11	−33.93
柳州机场		56	4.00	61.51	−43.76
南宁吴圩机场		56	5.80	42.39	−41.32
桂林两江机场		59	3.44	48.11	−38.92
三亚凤凰机场	海南	58	1.29	64.62	−46.94
海口美兰国际机场		46	5.93	57.54	−35.62
万州机场	重庆	28	1.67	63.87	−44.39
重庆江北国际机场		43	2.86	65.93	−51.70
康定斯丁措机场	四川	40	0.52	69.61	−61.67
广汉机场		29	1.76	61.22	−42.35
阆中机场		29	2.03	68.04	−46.58
泸州蓝田机场		53	5.55	73.63	−46.16
宜宾机场		49	5.07	59.83	−44.90
绵阳机场		26	2.59	67.02	−44.75
广元盘龙机场		26	1.88	65.87	−52.93
攀枝花保安营机场		47	3.02	85.75	−75.42
达州机场		26	2.42	62.12	−42.74
南充火花机场		32	4.98	44.12	−41.39
西昌青山机场		55	1.06	70.09	−60.20
成都双流国际机场		34	2.58	69.53	−44.11
九寨沟机场		21	0.35	79.57	−58.00
兴义机场	贵州	62	2.43	55.98	−40.15
黎平机场		46	4.12	54.04	−38.61
铜仁大兴机场		43	3.24	62.29	−36.16
安顺黄果树机场		54	2.25	87.82	−59.04
贵阳龙洞堡机场		41	1.16	89.70	−46.90

续表

机场	省(区、市)	雷暴日数(天)	雷电密度(次/(平方千米·年))	平均正闪强度(千安)	平均负闪强度(千安)
文山普者黑机场	云南	41	0.88	74.13	—42.17
临沧博尚机场		57	1.33	54.92	—34.69
芒市机场		63	1.66	70.23	—46.48
保山机场		45	1.43	72.95	—37.54
丽江三义机场		41	1.94	126.06	—45.40
西双版纳嘎洒机场		52	1.33	60.35	—38.57
思茅机场		63	2.09	51.29	—35.44
迪庆香格里拉机场		30	0.36	62.50	—67.65
大理荒草坝机场		40	1.03	58.83	—42.68
昆明巫家坝国际机场		50	1.98	69.18	—33.01
昭通机场		58	1.24	109.35	—75.41
拉萨贡嘎机场	西藏	57	0.80	34.68	—24.41
昌都邦达机场		21	0.30	81.43	—55.94
林芝米林机场		4	0.26	112.67	—99.98
蒲城机场	陕西	17	0.55	80.45	—35.42
安康机场		21	0.47	82.33	—47.65
汉中机场		19	0.64	77.44	—47.17
西安咸阳国际机场		11	0.68	88.40	—46.97
榆林西沙机场		31	2.09	67.08	—35.60
延安二十里堡机场		28	1.43	71.21	—36.47
嘉峪关机场	甘肃	5	0.27	61.30	—38.49
庆阳西峰机场		12	0.31	74.53	—44.41
敦煌机场		1	0.25	345.13	—120.80
兰州中川机场		14	0.29	68.48	—50.12
西宁老机场	青海	28	0.69	49.67	—28.79
西宁曹家堡机场		27	0.59	44.82	—31.43
格尔木机场		3	0.27	113.58	—49.13
银川河东机场	宁夏	8	0.45	65.90	—40.53
伊宁机场	新疆	15	0.33	44.31	—30.60
库车机场		11	0.42	49.97	—29.74
塔城机场		14	0.31	58.84	—51.53
石河子通用航空机场		5	0.28	68.57	—25.22
那拉提机场		16	0.32	49.54	—34.62
克拉玛依旧机场		12	0.51	71.52	—25.52
阿勒泰机场		7	0.28	57.28	—41.18
且末机场		1	0.25	45.91	0.00
和田机场		1	0.25	30.36	—43.83
阿克苏温宿机场		5	0.29	64.67	—25.06
库尔勒机场		3	0.29	69.28	—58.23
乌鲁木齐地窝铺机场		3	0.27	90.60	—34.06
喀什机场		10	0.31	56.25	—35.97
香港老机场	香港	56	5.54	39.15	—35.27
香港赤腊角机场		48	2.68	45.95	—39.50
澳门机场	澳门	22	1.89	51.34	—43.87
金门机场	台湾	67	1.58	41.88	—40.41
马祖机场		16	1.38	58.29	—45.93

二、全国主要港口年雷暴日、雷电密度及雷电强度值

统计 2016 年全国主要港口在雷电监测网覆盖区域的年雷暴日、雷电密度及雷电强度值(表 4.2),有利于全国主要港口的物流及其他工作安排。港口的年雷暴日、雷电密度是以港口为中心,以 30 千米为半径统计该范围内的雷暴日和雷电密度的平均值。位于东南沿海的港口雷暴日和雷电密度明显高于北方的港口,其中广州港雷暴日达 93 天,广州港的雷电密度达 10.98 次/(平方千米·年),居各港口之首。

表 4.2　2016 年全国主要港口年雷暴日、雷电密度及雷电强度值统计表

港口	雷暴日数(天)	雷电密度(次/(平方千米·年))	平均正闪强度(千安)	平均负闪强度(千安)
南京港	27	2.18	47.95	−34.91
广州港	93	10.98	50.28	−32.81
泉州港	68	5.04	34.54	−39.64
防城港	58	5.07	58.24	−51.99
北海港	42	2.80	67.23	−51.50
湛江港	61	4.95	57.03	−38.93
汕头港	37	1.82	59.57	−40.28
深圳港	69	5.97	43.54	−34.73
厦门港	57	3.15	47.81	−39.93
福州港	41	2.19	47.41	−39.70
温州港	50	4.09	39.96	−31.11
宁波港	26	5.73	39.01	−40.14
上海港	27	1.91	63.37	−40.52
连云港港	10	0.82	64.61	−38.51
日照港	15	1.04	48.86	−34.15
青岛港	9	0.53	63.06	−34.29
秦皇岛港	16	0.62	68.50	−51.77
锦州港	17	0.57	64.58	−34.94
营口港	12	0.55	65.73	−43.44
大连港	6	0.44	78.12	−51.35
天津港	13	0.62	75.94	−33.89

三、全国主要发电厂年雷暴日、雷电密度及雷电强度值

统计2016年全国主要发电厂在雷电监测网覆盖区域的年雷暴日、雷电密度及雷电强度值(表4.3)。发电厂的年雷暴日、雷电密度是以发电厂为中心，以30千米为半径统计该范围内的雷暴日和雷电密度的平均值。

表4.3　2016年全国主要发电厂年雷暴日、雷电密度及雷电强度值统计表

发电厂	雷暴日数(天)	雷电密度(次/(平方千米·年))	平均正闪强度(千安)	平均负闪强度(千安)
三峡	29	1.61	64.27	−34.96
溪洛渡	58	1.61	73.50	−47.91
龙滩	55	2.47	57.32	−33.06
邹县	22	1.17	58.10	−30.13
小湾	41	1.11	73.93	−35.93
拉西瓦	25	0.53	46.09	−31.22
岭澳	55	4.11	41.74	−30.28
托克托	28	0.85	61.90	−31.73
后石	46	2.69	49.24	−40.32
锦屏一级	52	0.66	78.06	−61.08
二滩	51	2.13	103.02	−72.04
瀑布沟	38	1.26	56.82	−43.03
阳城	31	1.17	66.19	−29.95
北仑	26	5.84	39.01	−40.14
台山	38	3.32	41.52	−35.75
构皮滩	49	2.24	86.47	−89.43
外高桥	27	1.91	65.35	−40.53
嘉兴	18	0.88	71.67	−36.75
达拉特	27	1.42	57.52	−28.71
葛洲坝	31	1.40	66.21	−37.54
太仓港	30	1.48	62.60	−39.73
秦山第二	22	0.91	69.49	−34.68
利港	28	3.29	57.90	−38.50
珞璜	54	3.53	69.54	−54.50
扬州第二	24	2.20	57.45	−37.44
宁海	39	6.24	32.33	−34.25
乌沙山	37	5.08	34.34	−35.26
平圩	25	0.77	64.59	−51.01

续表

发电厂	雷暴日数（天）	雷电密度（次/(平方千米·年)）	平均正闪强度（千安）	平均负闪强度（千安）
珠海	34	1.90	53.01	−40.51
西柏坡	21	0.72	63.49	−32.65
洛河	25	0.66	61.92	−56.44
丰城	57	3.71	43.18	−36.68
德州	25	1.20	43.10	−24.16
阳逻	36	3.26	68.21	−41.76
襄樊	17	0.70	71.13	−40.07
广安	37	2.99	65.94	−43.83
大同第二	33	1.68	51.90	−29.96
丰镇	38	1.78	60.36	−28.73
张家口	26	1.47	66.33	−31.44
广州蓄能	88	7.18	57.29	−38.86
惠州蓄能	81	4.54	59.46	−38.27
盘山	22	0.68	66.75	−32.86
伊敏	13	0.40	96.87	−47.33
首阳山	21	1.03	56.56	−24.93
元宝山	18	0.49	68.55	−37.55
谏壁	24	2.57	54.50	−36.45
吴泾	30	1.44	64.70	−41.11
双鸭山	16	0.43	73.26	−51.17
田湾	10	0.68	72.46	−40.02
泰州	24	1.83	59.77	−39.75
玉环	30	3.36	44.03	−38.92
神头第二	40	1.66	65.99	−35.71
靖远	7	0.27	80.17	−52.92
珠江	85	9.91	47.32	−33.70
徐州	23	0.74	70.83	−36.49
大亚湾	55	4.23	41.74	−30.28
沙角第三	83	8.69	46.33	−33.86
营口	8	0.37	84.01	−49.94
太仓	29	1.37	60.57	−40.27
潍坊	16	0.49	64.81	−42.80
三门峡西	22	1.46	61.86	−34.90
湘潭	46	1.70	70.34	−43.12
荆门	28	1.23	69.81	−42.20

续表

发电厂	雷暴日数 (天)	雷电密度 (次/(平方千米·年))	平均正闪强度 (千安)	平均负闪强度 (千安)
天荒坪蓄能	37	2.22	62.63	−34.82
小浪底	22	0.99	60.59	−26.75
妈湾	63	5.44	43.61	−35.41
镇海	25	6.75	38.65	−35.41
白山	25	0.70	64.57	−31.16
邢台	27	1.52	65.24	−35.62
清河	25	0.80	65.41	−36.97
彭水	38	2.48	51.39	−33.92
镇江	25	2.44	44.50	−33.07
漳泽	29	1.92	55.82	−37.87
绥中	16	0.46	63.65	−45.08
哈尔滨第三	21	0.60	87.34	−50.35
水布垭	31	1.08	52.31	−31.89
李家峡	24	0.52	61.12	−27.16
漫湾	44	1.47	61.95	−37.76
陡河	24	0.92	67.91	−28.83
公伯峡	15	0.36	58.00	−30.51
温州	45	3.87	40.33	−34.08
长兴	32	2.96	59.78	−36.79
菏泽	18	0.54	63.28	−28.98
秦山第三	20	0.89	71.19	−35.32
柳林	34	3.29	56.62	−27.81
大连	6	0.47	69.67	−55.29
南通	25	2.46	62.52	−44.56
福州	41	2.14	47.77	−39.79
通辽	15	0.60	72.71	−41.52
阜新	15	0.50	63.51	−31.09
水口	68	6.26	40.86	−28.36
九江	40	1.64	66.98	−43.68
大朝山	54	1.54	64.71	−39.62
台州	36	3.71	34.67	−32.73
黄埔	94	11.34	43.31	−31.80
桥头	34	1.30	45.05	−23.91
天生桥二级	63	3.08	50.89	−35.77
上安	23	0.78	61.98	−31.68

续表

发电厂	雷暴日数 （天）	雷电密度 （次/(平方千米·年)）	平均正闪强度 （千安）	平均负闪强度 （千安）
河津	31	1.91	65.32	−35.87
望亭	34	1.75	59.21	−36.22
岳阳	40	2.23	58.45	−38.32
半山	39	1.77	71.83	−36.85
渭河	11	0.68	89.35	−45.16
神头第一	41	1.66	66.02	−35.51
龙羊峡	26	0.52	49.12	−31.69
徐塘	24	0.80	71.92	−32.40
新乡	27	0.82	57.47	−23.78
十里泉	24	1.74	56.07	−29.37
邯峰	29	2.87	61.09	−27.91
定州	21	1.00	64.90	−29.85
王滩	17	1.38	53.73	−33.26
黄骅	16	0.76	71.83	−31.00
龙山	39	3.26	49.53	−29.56
王曲	29	2.09	52.59	−36.49
河曲	35	1.50	61.57	−31.55
武乡	35	3.04	69.41	−35.17
岱海	36	1.59	56.86	−25.93
上都	16	0.42	72.99	−35.59
白音华	15	0.35	58.27	−38.32
庄河	10	0.44	101.60	−49.37
石洞口第二	29	1.70	56.83	−39.28
常熟第二	30	1.93	64.90	−41.98
沙洲	28	2.75	61.90	−42.04
常州	28	3.08	58.47	−38.45
兰溪	43	2.46	49.96	−34.35
乐清	43	3.95	40.11	−36.15
阜阳	17	0.48	72.46	−46.38
宿州	22	0.78	77.58	−47.29
田集	23	0.81	64.85	−49.48
可门	26	2.04	51.51	−40.84
宁德	42	3.89	47.26	−31.99
黄金埠	51	2.82	61.61	−34.36
聊城	17	0.54	65.46	−34.42

续表

发电厂	雷暴日数（天）	雷电密度（次/(平方千米·年)）	平均正闪强度（千安）	平均负闪强度（千安）
费县	22	1.69	51.90	−28.74
沁北	24	1.11	61.52	−27.16
新乡宝山	28	0.76	62.70	−25.76
大别山	33	2.65	68.58	−42.09
金竹山	58	6.95	47.21	−36.51
鲤鱼江第二	65	2.41	67.33	−51.93
汕尾	32	4.15	41.36	−36.70
三百门	53	3.10	52.06	−35.91
惠来	31	4.54	54.25	−38.82
湛江奥里油	75	5.19	59.93	−39.51
防城港	53	4.75	57.94	−51.92
钦州	69	6.95	66.00	−53.19
盘南	61	1.66	60.83	−44.08
滇东	63	1.79	62.07	−43.38
韩城第二	32	1.95	68.30	−35.92
锦界	35	1.69	63.03	−33.27
灵武	8	0.48	62.14	−35.82
鹤岗	20	0.36	79.66	−50.10
汕头	37	1.81	59.57	−40.28
宝山钢铁	29	1.78	56.55	−38.86
大港	17	0.61	79.29	−35.93
衡水	24	0.64	68.22	−30.89
阳泉第二	31	1.97	62.51	−34.28
太原第一	35	2.31	61.16	−36.01
西龙池蓄能	34	1.53	57.27	−35.44
铁岭	24	1.09	66.07	−34.34
蒲石河蓄能	9	0.56	76.65	−51.79
双辽	24	1.15	68.05	−34.62
石洞口第一	29	1.72	56.08	−39.24
常熟	30	1.93	64.92	−42.00
彭城	22	0.67	72.83	−37.31
桐柏蓄能	44	4.27	42.25	−33.55
马鞍山第二	29	1.62	51.46	−36.74
嵩屿	57	3.10	47.81	−39.93
石横	16	0.90	52.30	−26.41

续表

发电厂	雷暴日数(天)	雷电密度(次/(平方千米·年))	平均正闪强度(千安)	平均负闪强度(千安)
莱城	23	1.74	47.88	−28.23
青岛	9	0.48	60.08	−35.76
姚孟	15	0.60	59.62	−32.32
宝泉蓄能	34	1.12	57.78	−25.19
隔河岩	31	1.40	70.16	−37.21
汉川	32	1.28	73.09	−43.11
白莲河蓄能	39	3.05	57.98	−41.11
石门	35	2.55	67.06	−38.79
湛江	75	5.29	55.93	−39.62
岩滩	45	3.65	42.16	−31.18
天生桥一级	64	2.97	51.13	−36.72
江油	27	3.24	76.57	−47.46
安顺	57	2.52	90.58	−63.71
黔北	52	3.79	73.87	−81.96
纳雍第一	58	1.50	122.94	−98.41
纳雍第二	58	1.59	121.41	−94.43
大方	53	1.65	117.67	−94.13
鸭溪	50	2.52	61.16	−62.08
黔西	45	1.83	75.21	−67.55
曲靖	66	1.57	65.60	−43.29
宣威	60	1.24	69.91	−47.97
宝鸡第二	12	0.46	88.54	−43.90
蒲城	18	0.79	73.82	−36.00
平凉	14	0.38	69.45	−42.07
大坝	8	0.33	65.18	−37.19
石嘴山第二	14	0.66	93.13	−38.03
沙角第一	84	8.79	46.65	−33.92
五强溪	39	5.56	37.47	−30.66
海勃湾	14	0.67	90.58	−39.93
锦州	23	0.86	63.21	−29.48
富拉尔基第二	16	0.34	102.61	−66.97
焦作	26	0.64	65.50	−28.34
海口	56	6.24	54.98	−33.97
刘家峡	10	0.31	70.37	−50.91
韶关	75	2.94	58.45	−43.42

续表

发电厂	雷暴日数（天）	雷电密度（次/(平方千米·年)）	平均正闪强度（千安）	平均负闪强度（千安）
乌江渡	49	1.87	70.38	−52.05
辽宁	30	1.88	59.21	−31.45
戚墅堰	32	3.71	51.33	−39.28
天生港	27	2.49	62.68	−44.45
夏港	32	3.45	54.06	−38.96
田家庵	25	0.74	63.86	−55.81
贵溪	56	4.33	53.72	−33.02
万家寨	37	1.70	61.41	−30.23
石洞口燃机	29	1.71	56.83	−39.28
深圳东部燃机	59	5.93	44.22	−31.58
前湾燃机	65	5.65	44.44	−35.37
惠州燃机	66	4.59	44.48	−30.44
淮北	20	0.60	83.67	−42.53
秦岭	16	0.80	65.08	−38.31
光照	65	3.07	82.12	−52.96
牡丹江第二	20	0.48	54.45	−37.14
丰满	33	0.93	73.57	−29.82
秦皇岛	16	0.58	68.85	−53.26
淮阴	16	0.71	80.14	−32.21
扬州	22	1.92	61.56	−41.23
新海	16	1.07	57.33	−34.70
胜利油田	23	1.97	54.86	−35.01
辛店	23	1.73	48.00	−30.94
鹤壁	22	0.82	54.01	−26.47
耒阳	55	2.12	57.79	−43.60
张河湾蓄能	26	1.13	62.82	−28.20
宜兴蓄能	32	2.05	64.66	−41.00
泰安蓄能	22	1.56	58.39	−26.34
三板溪	46	3.76	59.08	−49.03
郑州	21	1.03	61.51	−24.46
盘县	63	1.61	64.65	−47.91
马头	25	1.62	82.73	−30.18
龙口	12	0.80	83.23	−38.41
合山	55	3.85	45.24	−35.45
杨柳青	22	1.25	72.58	−33.37

续表

发电厂	雷暴日数（天）	雷电密度（次/(平方千米·年)）	平均正闪强度（千安）	平均负闪强度（千安）
洛阳	20	1.10	61.39	－27.37
张家港	31	2.87	65.71	－40.38
萧山	41	2.89	66.30	－39.70
来宾	56	4.52	46.36	－37.19
柘溪	47	3.51	55.86	－39.44
白马	41	4.93	60.69	－42.82
浑江	20	0.58	70.45	－37.06
丹江口	16	0.96	69.72	－32.48

四、西昌卫星发射中心雷电逐月分布

西昌卫星发射中心地处我国西南崇山峻岭中，属雷暴高发地带，分析以西昌卫星发射中心为中心，以 100 千米为半径，统计该范围内的雷电活动特性。西昌卫星发射中心 2016 年雷电逐月分布如图 4.1 所示，该区域 6—9 月雷电活动比较频繁，并以负闪为主，8 月闪电次数为 8 096次，为全年最高值，其他月雷电活动相对较少。

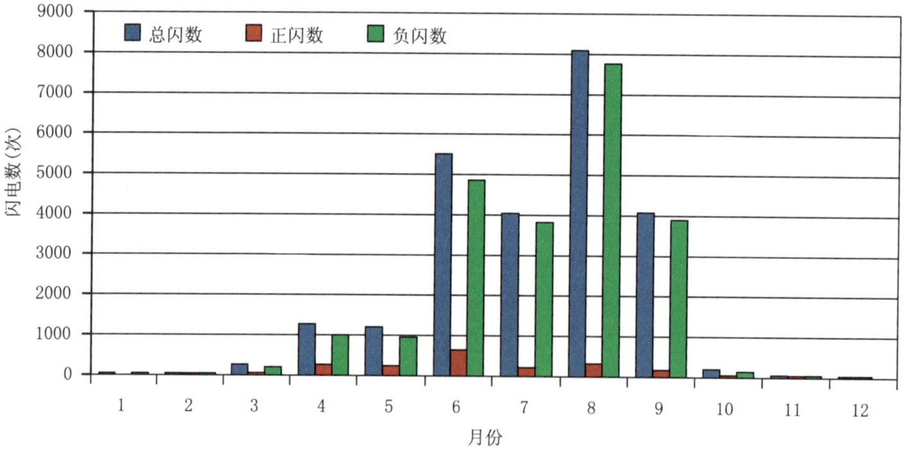

图 4.1　西昌卫星发射中心 2016 年雷电逐月分布图

五、太原卫星发射中心雷电逐月分布

太原卫星发射中心地处我国北方黄土高原地区，分析以太原卫星发射中心为中心，以 100 千米为半径，统计该范围内的雷电活动特性。太原卫星发射中心 2016 年雷电逐月分布如图

4.2 所示，雷电活动主要发生在 4—9 月，6—8 月闪电次数低于同期 2015 年的闪电数量，7 月闪电数高达 34 608 次，为全年最大值。

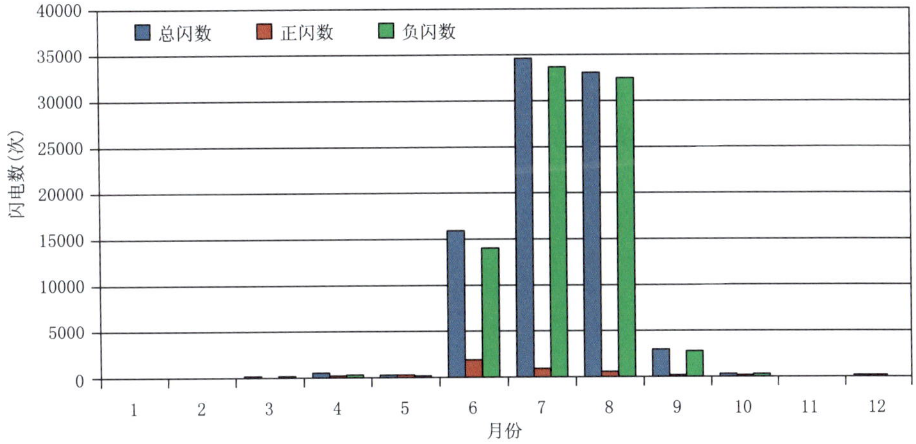

图 4.2　太原卫星发射中心 2016 年雷电逐月分布图

六、文昌卫星发射中心雷电逐月分布

文昌卫星发射中心地处海南岛中部，周边地带属雷暴高发区，分析以文昌卫星发射中心为中心，以 100 千米为半径，统计该范围内的雷电活动特性。2016 年文昌卫星发射中心雷电逐月分布如图 4.3 所示，4—10 月为雷暴高发期，6 月闪电次数达全年最高，为 45 022 次。

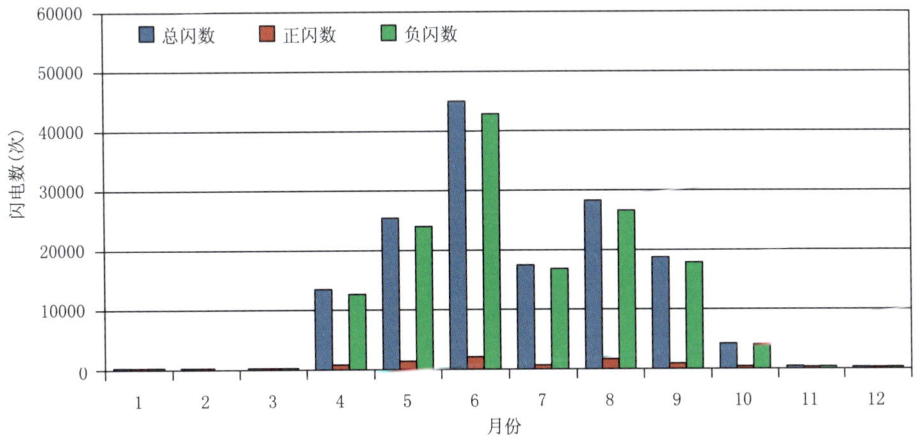

图 4.3　文昌卫星发射中心 2016 年雷电逐月分布图

附录:全国雷电监测网运行情况统计

一、国家雷电监测网单个探测站运行情况

附表1 2016年中国气象局国家雷电监测网单个探测站运行率统计表

省(区、市)	站名	运行率(%)	站名	运行率(%)
北京	北京	96.25		
天津	大港	99.89		
河北	保定	96.53	赵县	90.32
	吴桥	64.07	乐亭	97.79
	丰宁	99.47	遵化	99.65
	围场	99.62	蔚县	80.93
	邯郸	99.59	张家口	97.72
	秦皇岛	98.72		
山西	长治	99.83	忻州	98.45
	大同	98.83	阳泉	99.96
	吕梁	99.73	运城	92.09
	太原	99.89		
内蒙古	阿右旗	98.88	新巴尔虎左旗	99.16
	巴彦诺尔公	99.30	扎兰屯	99.12
	额济纳旗	98.30	霍林郭勒	98.77
	海流图	97.64	奈曼	96.66
	乌拉特后旗	95.99	舍伯吐	99.86
	包头	94.09	乌海	99.11
	达茂	99.22	集宁	99.39
	满都拉	97.98	四子王旗	94.47
	阿鲁科尔沁	98.29	东乌	99.60
	赤峰	89.04	二连	96.85
	克旗	99.53	那仁宝力格	88.25
	东胜	99.70	苏尼特右旗	99.51
	杭锦旗	88.80	苏尼特左旗	92.96
	乌审旗	94.01	西乌旗	99.72
	和林格尔县	98.31	镶黄旗	99.83
	博克图	99.64	正蓝旗	96.85
	陈巴尔虎旗	98.40	阿尔山	99.88
	满洲里国	99.66	胡尔勒	95.74
	图里河	99.80	突泉	98.89
	小二沟	98.68		
辽宁	本溪	98.26	清原	95.89
	朝阳	97.64	阜新	99.80
	大连	99.88	法库	95.81
	东港	22.60	营口	99.97
	宽甸	99.79		
吉林	通榆	92.03	桦甸	97.59
	临江	63.89	前郭	86.20
	长春	96.48	敦化	93.15
	舒兰	91.79		

续表

省(区、市)	站名	运行率(%)	站名	运行率(%)
黑龙江	大庆	91.19	爱辉	93.53
	北极村	92.02	北安	99.41
	呼玛	95.58	鸡西	97.26
	呼中	99.48	汤原	93.62
	加格达奇	99.85	牡丹江	93.57
	漠河	93.93	齐齐哈尔	97.89
	塔河	98.88	绥化	98.95
	新林	98.68	嘉荫	96.10
	哈尔滨	68.77	伊春	81.00
	通河	97.71		
江苏	淮安	95.71	南通	99.93
	盱眙	99.73	宜兴	97.01
	连云港	99.24	徐州	99.92
	南京	99.90	扬州	99.94
浙江	淳安	98.51	洪家	98.96
	平湖	98.58	平阳	99.14
	永康	96.15	定海	99.08
	龙泉	98.81	江山	98.92
	宁海	99.13		
安徽	安庆	99.87	黄山	99.82
	蚌埠	98.74	六安	99.13
	阜阳	99.78	宣城	99.65
	合肥	96.97		
福建	福州	98.19	武夷山	99.99
	龙岩	99.97	德化	99.98
	南平	100.00	厦门	99.34
江西	广昌	98.73	九江	98.09
	临川	98.75	修水	98.50
	赣县	97.88	南昌	98.75
	寻乌	97.54	上饶	98.36
	泰和	95.59	宜春	99.85
	景德镇	99.98	鹰潭	97.98
山东	陵县	99.90	蒙阴	99.69
	河口	99.15	青岛	99.43
	菏泽	99.76	乳山	98.78
	章丘	99.76	威海	99.46
	兖州	98.93	寒亭	98.37
	东阿	99.21	龙口	98.60
	临沭	99.30		
河南	林州	89.78	卫辉	98.73
	焦作	99.96	固始	91.93
	开封	99.45	信阳	99.56
	嵩县	82.15	登封	75.56
	内乡	92.71	西华	91.64
	宝丰	99.35	泌阳	99.94
	卢氏	98.89	正阳	99.97
	渑池	82.14	濮阳	88.37
	商丘	98.46		

续表

省(区、市)	站名	运行率(%)	站名	运行率(%)
湖北	巴东	99.94	十堰	99.76
	恩施	97.00	随州	97.73
	麻城	80.35	武汉	99.90
	荆门	98.90	咸宁	99.66
	荆州	99.31	襄阳	99.78
	神农架	97.19	宜昌	98.91
	天门	99.95		
湖南	常德	96.41	邵阳	99.96
	长沙	98.88	安化	99.89
	郴州	90.06	永州	97.79
	衡阳	97.79	岳阳	99.36
	怀化	99.88	张家界	99.49
广东	博罗	99.73	汕尾	99.61
	恩平	99.97	韶关	99.79
	电白	97.27	广宁	99.09
	梅州	99.75	珠海	99.93
	汕头	99.72		
广西	百色	99.91	贺州	99.89
	北海	99.93	柳州	99.90
	宁明	99.90	马山	99.45
	桂林	99.74	梧州	99.96
	贵港	99.98	玉林	99.95
	河池	99.48		
海南	海口	96.43	东方	97.82
	西沙	97.05	琼海	97.22
	三亚	98.39	琼中	98.38
重庆	沙坪坝	96.29	酉阳	96.79
	城口	92.31	云阳	98.86
	石柱	99.77		
四川	红原	99.97	理塘	99.98
	理县	99.98	广元	99.69
	马尔康	99.67	会理	99.90
	小金	99.94	越西	99.61
	温江	98.72	绵阳	99.99
	达州	99.35	南部	99.24
	甘孜	99.74	遂宁	99.92
	九龙	99.97	雅安	99.16
	康定	98.35	自贡	95.97
贵州	安顺	98.37	望谟	99.94
	毕节	86.66	兴义	97.16
	息烽	99.27	思南	96.98
	从江	99.96	赤水	99.71
	凯里	98.80	道真	99.91
	黎平	99.84	桐梓	97.78
云南	施甸	100.00	耿马	98.73
	双柏	99.82	泸水	95.73
	元谋	98.71	江城	99.98

续表

省(区、市)	站名	运行率(%)	站名	运行率(%)
云南	大理	98.57	景谷	93.27
	瑞丽	96.88	孟连	95.26
	香格里拉	91.18	广南	97.12
	金平	99.91	文山	87.91
	泸西	99.97	景洪	97.05
	东川	98.22	玉溪	99.95
	昆明	99.72	元江	99.02
	丽江	99.98	昭通	99.87
西藏	改则	91.97	班戈	82.59
	普兰	73.17	嘉黎	69.07
	狮泉河	91.67	那曲	96.62
	昌都	96.85	申扎	95.33
	丁青	93.03	索县	98.21
	洛隆	95.24	定日	96.37
	左贡	99.68	聂拉木	97.08
	拉萨	99.70	帕里	99.31
	波密	87.74	日喀则	97.12
	察隅	97.61	错那	98.89
	林芝	96.65	浪卡子	74.87
	安多	99.42	泽当	97.82
陕西	安康	99.25	泾河	99.10
	宝鸡	99.46	吴旗	99.04
	汉中	99.83	延安	98.99
	商南	99.98	神木	99.65
	宜君	99.28	绥德	98.24
	大荔	99.21		
甘肃	酒泉	98.06	天水	98.57
	马鬃山	92.08	肃南	96.02
	玉门	96.06	张掖	99.28
青海	达日	98.40	冷湖	97.24
	久治	89.56	茫崖	99.09
	玛多	85.28	诺木洪	88.24
	玛沁	99.64	天峻	89.99
	刚察	99.82	乌兰	97.42
	海晏	98.88	五道梁	90.67
	门源	99.22	小灶火	99.23
	祁连	96.92	沱沱河	91.36
	托勒	97.46	河南	92.72
	民和	98.84	同仁	98.87
	共和	93.82	泽库	99.24
	贵德	99.71	西宁	99.69
	兴海	98.53	囊谦	97.78
	茶卡	99.58	清水河	97.11
	大柴旦	96.35	曲麻莱	98.61
	德令哈	99.10	杂多	74.29
	都兰	98.92		

续表

省(区、市)	站名	运行率(%)	站名	运行率(%)
宁夏	六盘山	92.33	银川	99.64
	同心	99.96	中卫	99.87
	盐池	97.91		
新疆	阿拉尔	99.99	十三间房	99.61
	拜城	99.51	伊吾	99.94
	库车	98.46	策勒	90.32
	塔中	93.83	民丰	96.14
	乌什	97.63	皮山	99.02
	阿勒泰	99.88	巴楚	99.98
	巴仑台	99.51	莎车	99.44
	福海	97.27	塔什库尔干	98.89
	富蕴	99.36	风城库	87.58
	哈巴河	99.80	陆梁	81.00
	巴音布鲁克	98.35	玛河	86.43
	且末	92.91	阿图什	99.38
	若羌	98.20	乌恰	99.95
	铁干里克	85.18	莫索湾	96.99
	尉犁	99.39	和布克赛尔	97.47
	精河	89.18	托里	99.67
	温泉	99.56	乌苏	98.90
	北塔山	90.87	托克逊	81.44
	奇台	96.48	鄯善	98.76
	巴里坤	84.41	米泉	99.11
	哈密	99.99	特克斯	95.53
	红柳河	94.46		

注:上海无统计资料。

二、国家雷电监测网各省(区、市)探测站运行情况

附表 2　2016 年国家雷电监测网各省(区、市)运行率统计表

省(区、市)	运行率(%)	运行率<60%站数	运行率60%～80%站数	运行率>80%站数	总站数
北京	96.25	0	0	1	1
天津	99.89	0	0	1	1
河北	93.13	0	1	10	11
山西	98.40	0	0	7	7
内蒙古	97.63	0	0	39	39
辽宁	89.96	1	0	8	9
吉林	88.73	0	1	6	7
黑龙江	94.07	0	1	18	19
江苏	99.00	0	0	8	8
浙江	98.59	0	0	9	9
安徽	99.14	0	0	7	7
福建	99.58	0	0	6	6

续表

省(区、市)	运行率(%)	运行率 <60%站数	运行率 60%～80%站数	运行率 >80%站数	总站数
江西	98.33	0	0	12	12
山东	99.23	0	0	13	13
河南	93.45	0	1	16	17
湖北	97.57	0	0	13	13
湖南	97.95	0	0	10	10
广东	99.43	0	0	9	9
广西	99.83	0	0	11	11
海南	97.55	0	0	6	6
重庆	96.80	0	0	5	5
四川	99.40	0	0	18	18
贵州	97.87	0	0	12	12
云南	97.58	0	0	22	22
西藏	93.08	0	3	21	24
陕西	99.28	0	0	11	11
甘肃	96.68	0	0	6	6
青海	95.97	0	1	32	33
宁夏	97.94	0	0	5	5
新疆	95.81	0	0	43	43
总计	96.63	1	8	385	394

注:上海无统计资料。